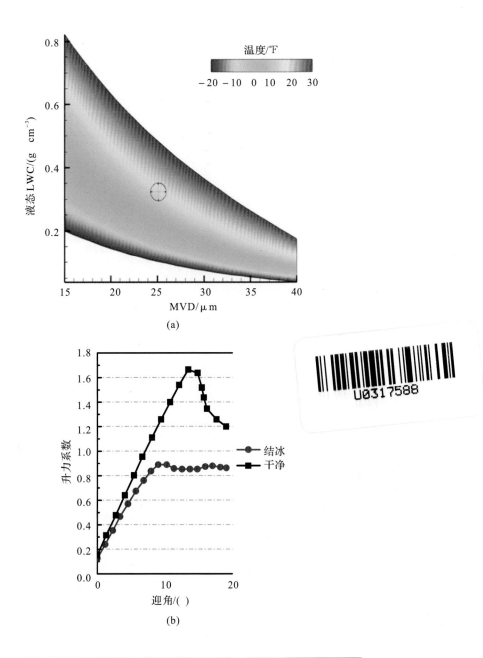

图 1.12　相关文献提出的结冰风险预测方法

（a）基于 CFD 手段的气动性能预测；（b）风险评估矩阵

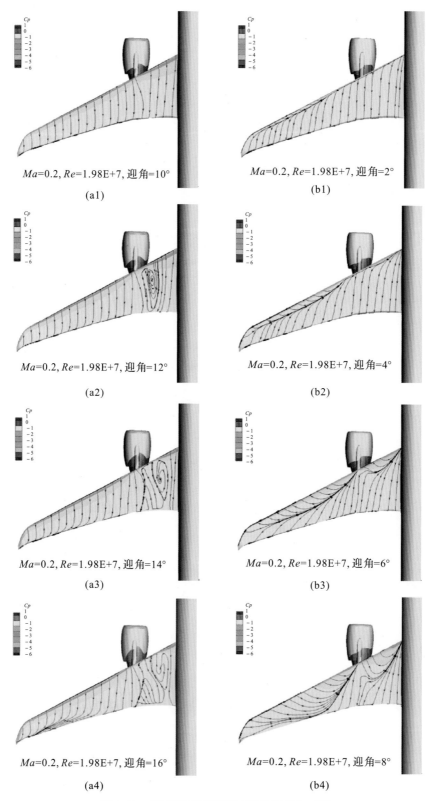

$Ma=0.2, Re=1.98E+7,$ 迎角=10°

(a1)

$Ma=0.2, Re=1.98E+7,$ 迎角=2°

(b1)

$Ma=0.2, Re=1.98E+7,$ 迎角=12°

(a2)

$Ma=0.2, Re=1.98E+7,$ 迎角=4°

(b2)

$Ma=0.2, Re=1.98E+7,$ 迎角=14°

(a3)

$Ma=0.2, Re=1.98E+7,$ 迎角=6°

(b3)

$Ma=0.2, Re=1.98E+7,$ 迎角=16°

(a4)

$Ma=0.2, Re=1.98E+7,$ 迎角=8°

(b4)

图 2.11 背景飞机翼面分离流动形态对比

（a）干净构型；（b）重度结冰构型

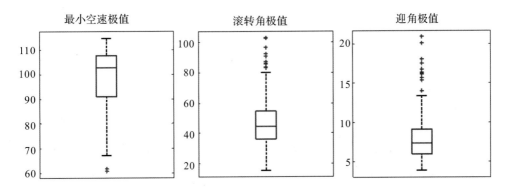

图 3.6 飞行安全关键参数极值样本盒形图

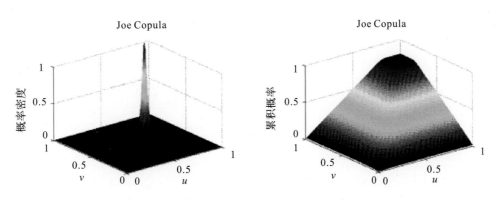

图 5.2 Joe 模型分布概率密度和累积概率图

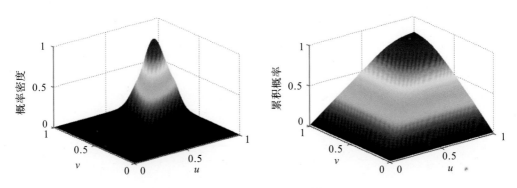

图 5.3 Clayton 模型分布概率密度和累积概率图

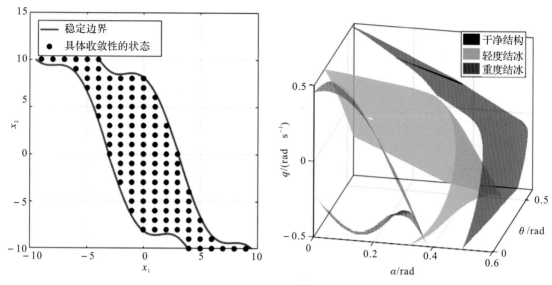

图 6.1　单摆模型稳定域边界

图 6.7　不同结冰程度对飞机稳定域的影响

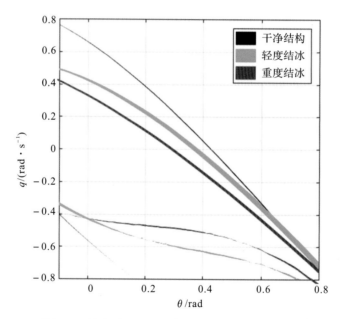

图 6.8　迎角为 0.1 rad 截面的结冰飞机稳定域

图 6.9　飞行等级可视化

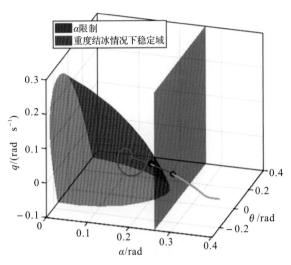

图 6.12　稳定域及可用迎角限制对比

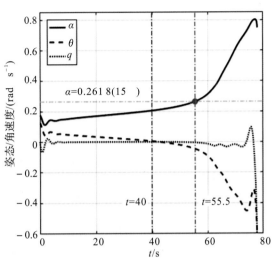

图 6.13　时域仿真分析

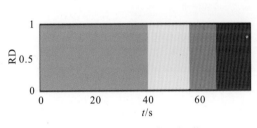

图 6.14　飞行风险可视化

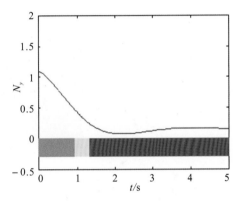

图 7.2　法向过载变化曲线及相应的
风险色谱示意图

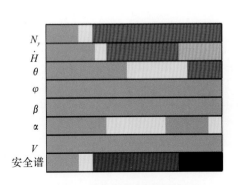

图 7.3　协调下降转弯情形的
飞行安全谱示意图

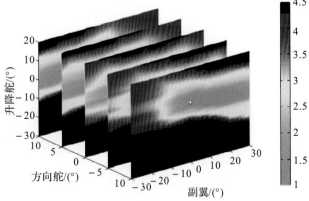

图 7.5　正常状态下飞行安全操纵空间

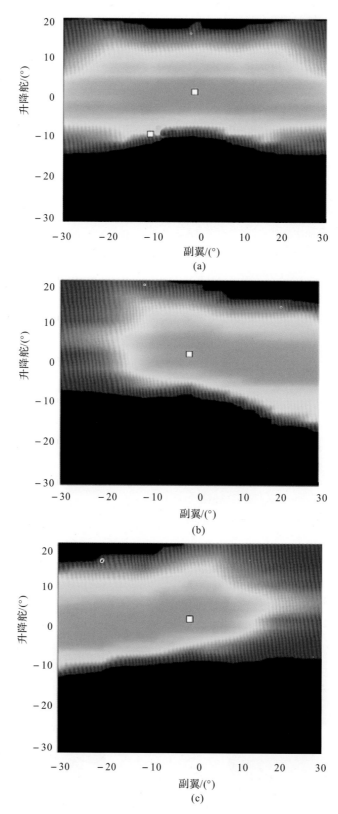

图 7.6　正常状态下飞行安全操纵窗口

（a）方向舵指令为 0° 时；　（b）方向舵指令为 –10° 时；　（c）方向舵指令为 +10° 时

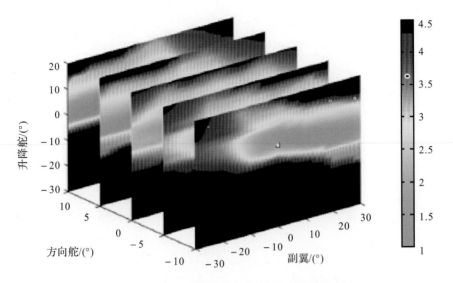

图 7.7　对称结冰时的飞行安全操纵空间

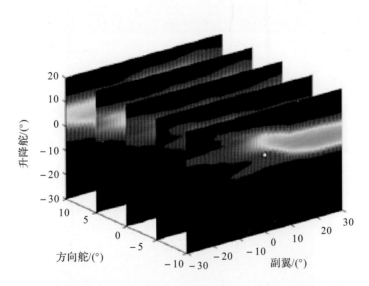

图 7.8　右侧机翼除冰系统故障时的飞行安全操纵空间

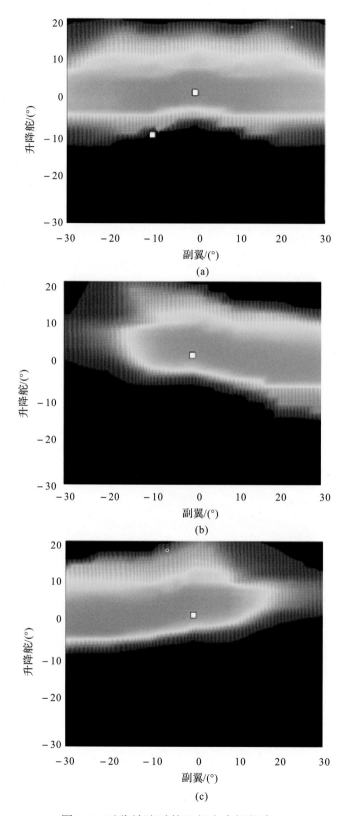

图 7.9　对称结冰时的飞行安全操纵窗口

（a）方向舵指令为 0° 时；　（b）方向舵指令为 –10° 时；　（c）方向舵指令为 +10° 时

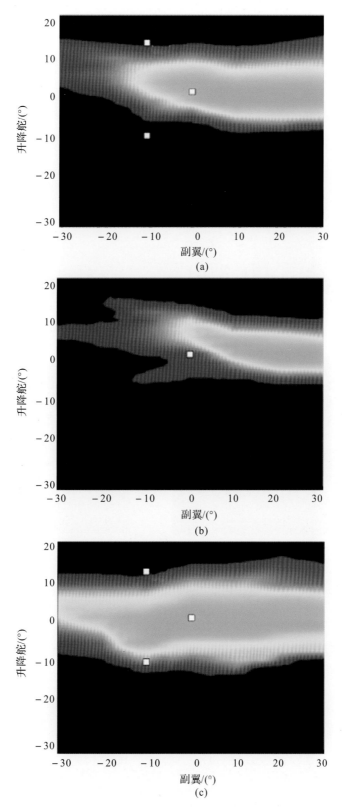

图 7.10　右侧除冰系统故障时的飞行安全操纵窗口

（a）方向舵指令为 0° 时；（b）方向舵指令为 –10° 时；（c）方向舵指令为 +10° 时

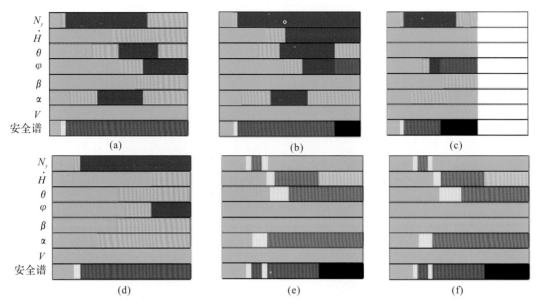

图 7.11　结冰条件下典型状态点飞行安全谱

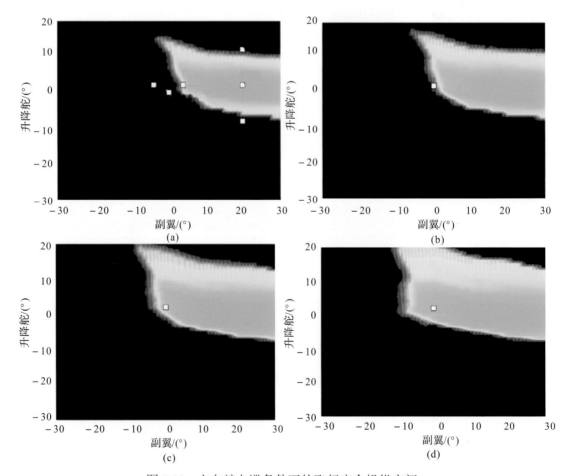

图 7.12　方向舵卡滞条件下的飞行安全操纵空间

（a）$v = 150\ \text{m/s}$；　（b）$v = 140\ \text{m/s}$；　（c）$v = 130\ \text{m/s}$；　（d）$v = 120\ \text{m/s}$

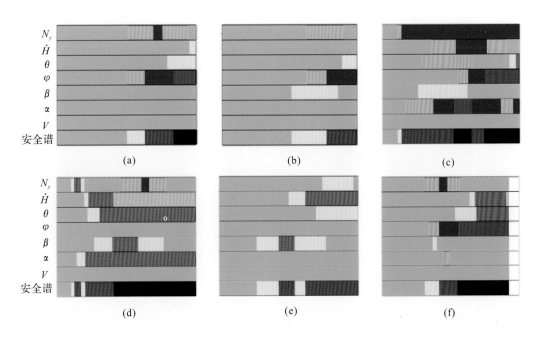

图 7.13　方向舵卡滞条件下典型状态点飞行安全谱

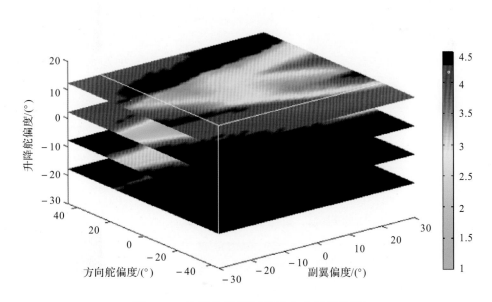

图 7.14　单发失效情况下的安全操纵空间

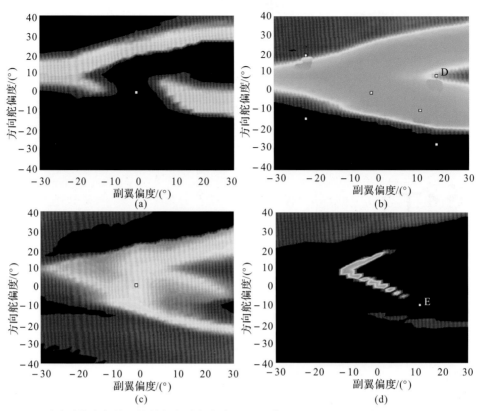

图 7.15　不同升降舵偏度条件下的单发失效安全窗操纵口［(a)～(c)预测时间5 s，(d)预测时间15 s］

(a) D 点处的升降舵偏度为 –8°；　(b) D 点处的升降舵偏度为 +1.935 4°（配平值）；
(c) E 点处的升降舵偏度为 +12°；　(d) E 点处的升降舵偏度为 +1.935 4°（长预测时间，15 s）

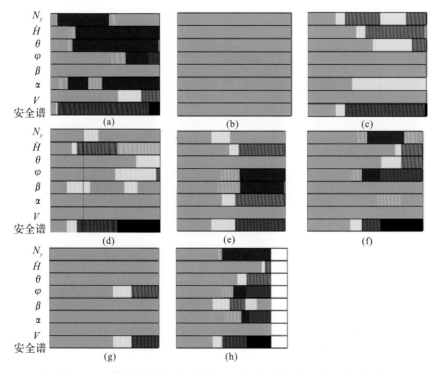

图 7.16　单侧发动机失效情形下的典型状态点飞行安全谱

结冰条件下多因素耦合飞行仿真建模、风险量化与安全操纵空间构建

李　哲　薛　源　裴彬彬　董泽洪　段效聪　著

西北工业大学出版社

西安

【内容简介】 飞机遭遇空中结冰会严重威胁飞行安全,结冰后飞机的动力学特性和风险演化机理是国内外航空界研究的重点和难点课题。对此,本书针对结冰条件下的多因素耦合飞行仿真建模、风险量化与指示引导方法开展了研究。本书以飞机动力学建模、环境因素建模为基础,构建了多不利因素深度耦合情况下的仿真系统,系统地提出了一套基于多元极值理论的结冰飞行风险量化方法和基于风险预测的安全操纵指引方法。本书所提出的仿真建模的风险量化方法与安全指引方法,为飞机结冰条件下安全飞行提供了新的思路。

本书可供航空宇航科学与技术相关研究方向的科研人员、研究生及高年级本科生阅读、参考。

图书在版编目(CIP)数据

结冰条件下多因素耦合飞行仿真建模、风险量化与安全操纵空间构建 / 李哲等著. — 西安 : 西北工业大学出版社,2023.1

ISBN 978 - 7 - 5612 - 8618 - 0

Ⅰ. ①结… Ⅱ. ①李… Ⅲ. ①结冰-影响-飞机-飞行安全-研究 Ⅳ. ①V328

中国国家版本馆 CIP 数据核字(2023)第 019241 号

JIEBING TIAOJIAN XIA DUOYINSU OUHE FEIXING FANGZHEN JIANMO、FENGXIAN LIANGHUA YU ANQUAN CAOZONG KONGJIAN GOUJIAN

结 冰 条 件 下 多 因 素 耦 合 飞 行 仿 真 建 模 、风 险 量 化 与 安 全 操 纵 空 间 构 建

李哲 薛源 裴彬彬 董泽洪 段效聪 著

责任编辑:朱晓娟		策划编辑:黄 佩	
责任校对:张 友		装帧设计:石小玲	

出版发行:西北工业大学出版社

通信地址:西安市友谊西路 127 号　　　邮编:710072

电　　话:(029)88491757,88493844

网　　址:www.nwpup.com

印 刷 者:西安五星印刷有限公司

开　　本:787 mm×1 092 mm　　　1/16

印　　张:8.75　　　　　　　　　彩插:5

字　　数:230 千字

版　　次:2023 年 1 月第 1 版　　　2023 年 1 月第 1 次印刷

书　　号:ISBN 978 - 7 - 5612 - 8618 - 0

定　　价:56.00 元

如有印装问题请与出版社联系调换

前　　言

结冰遭遇情形下的飞行风险研究对于保障飞机安全运行、高效执行规划任务具有重要的意义。随着我国民用领域航空运输业务的快速发展，低空管制的逐步放开和通航飞行器的日益普及，结冰遭遇情形下的飞行风险问题越来越突出；在军用领域，实战化复杂环境下的飞行训练边界不断拓展，对飞行风险管控和飞行安全保障提出了更高的要求。

本书针对恶劣外部环境、系统故障等不利因素诱发的飞行风险问题，运用系统安全性理论、可靠性理论和多元极值理论，采用面向飞行安全的人-机-环复杂系统建模与仿真方法，解决了多因素耦合作用下飞行风险概率量化和环境风险可视化的问题，提出了基于多元极值理论的飞行风险概率量化模型和基于非线性系统稳定域的复杂状态风险预测模型，探索了基于飞行安全操纵空间的风险可视化技术和安全操纵指示引导技术，在面向飞行安全的复杂系统建模与仿真方法、结冰飞行风险概率量化确定方法以及飞行风险可视化建模三方面有所突破和创新。本书的主要研究工作包括下述 6 项：

（1）多因素耦合作用下的人-机-环复杂仿真系统建模。本书研究了空气动力学与飞行力学双向面紧耦合异构模型构建方法，探索了基于结冰流场的气动力解算与飞行动力学计算的紧耦合仿真技术；构建了考虑随机性和不确定性的特情状态下驾驶员操纵模型与基于可靠性理论与系统安全性理论的系统故障模型；将上述影响因素模型有效融合到背景飞机非线性全量运动方程中，探索了多因素异构模型的融合仿真；通过对比风洞试验、开展地面模拟着陆试验和某典型事故场景复现，分别验证了结冰影响模型和飞行仿真系统的可信性和正确性。

（2）面向飞行安全的复杂系统仿真方法。结冰科目试飞风险高、难度大，自然条件要求苛刻，且耗费巨大，难以开展大量飞行试验，本书探索了基于地面复杂系统仿真的结冰科目虚拟试飞方法。由于所构建的复杂飞行仿真系统具有强烈的非线性、耦合性、随机性和不确定性，计算量巨大且对仿真实时性要求严格，本书构建了基于反射内存网络的实时飞行仿真平台。基于蒙特卡罗仿真，本书提出了随机模型变量的有效模拟和提取方法；通过大量仿真实验提取了能够表征结冰飞行风险的安全关键参数极值样本，并基于真实试飞员在环的实验对比，验证了该仿真方法开展结冰科目虚拟试飞的有效性和可行性。

（3）基于一维参数极值的飞行风险量化模型与方法。本书统计分析了对结冰影响较为敏感的最小空速极值、滚转角极值和迎角极值的样本数据尾部分布规律，选取了能够描述其尾部分布特性的 5 种典型极值分布模型，通过未知参数辨识和多种拟合优度检验法分析,确定了结冰遭遇情形下最小空速极值服从Weibull 分布、滚转角极值和迎角极值服从 GEV 分布(广义极值分布),且三个飞行安全关键参数的尾部分布极向相异。结合结冰遭遇条件下的飞行风险判据,本书提出了基于一维飞行安全关键参数极值的风险量化模型,并分别计算了三个极值参数灾难等级条件下的风险概率,分析了不同飞行安全关键参数对遭遇结冰影响的敏感度。

(4)基于多元异构极值分布的结冰飞行风险量化确定方法。在对比分析了多种常用的多元分析方法的基础上,本书选取了能够有效描述异构极值样本尾部分布相关性的多元极值 Copula 模型。本书针对多种 Copula 模型进行了未知参数辨识和拟合优度判别,结果表明,Copula 模型能够有效描述具有不同尾部极向的多元极值参数联合分布形式,相较于其他 Copula 函数模型具有更高的辨识精度和拟合度,较为适合用来描述结冰遭遇情形下的多元极值参数的变化规律和相依性关系。基于飞行风险判据,本书定量计算了多元极值表征结冰飞行风险的概率值,分析表明,结冰风险事件往往伴随着飞行安全关键参数的深度耦合。

(5)基于非线性系统稳定域的结冰遭遇条件下飞行风险量化确定方法。本书选取非线性稳定域描述精度最高的蒙特卡罗仿真确定方法,设计了状态点邻域迭代算法,显著优化了蒙特·卡罗仿真效率和计算精度。本书对比分析了不同结冰强度条件下的非线性系统稳定域,结果表明,复杂状态下的飞行参数深度耦合是诱发飞行事故的重要原因之一。本书提出了表征结冰飞行风险的当量参数和可视化飞行风险等级划分方法。通过带冰着陆案例分析,本书验证了所提出的风险评估方法能够有效提前于传统的可用迎角限制方法预测飞行风险。

(6)复杂状态下的飞行安全操纵空间。基于人-机-环复杂系统闭环仿真,本书计算了指定操纵指令下、一定预测时间段内的多个飞行安全关键参数变化趋势;通过风险度的叠加,提出了色彩化的飞行安全谱和操纵风险概率计算方法。基于所构建的并行飞行仿真平台,本书探索了不同操纵策略下飞行风险概率拓扑结构,构建了具有预测能力的飞行安全操纵空间。通过对称结冰、非对称结冰、主舵面卡滞和单发失效 4 个典型案例,本书有效阐述了不同风险致灾机理和驾驶员安全操纵策略。本书所提出的飞行安全谱能够全面直观地呈现飞行事故演化过程和关键参数致灾方式;所提出的飞行安全操纵空间具有风险预测能力,初步实现了飞行风险的可视化,能够有效提示驾驶员不同操纵策略所对应的风险变化趋势,引导指示驾驶员安全操纵。

从复杂系统数学模型构建角度出发,本书研究了结冰遭遇情形下多元异构模型耦合仿真方法、飞行风险量化确定方法和飞行风险可视化方法。同时,所提出的方法和思路对其他内外部不利因素影响下的飞行风险量化评估及安全操纵指引具有积极意义。本书提出了一套基于复杂动力学仿真、多元极值 Copula 模型和非线性系统稳定域的结冰遭遇情形下飞行风险量化方法,从理论角度可为飞机系统安全性设计和现役飞行器安全性评估提供理论支撑和方法补充,从实践角度可为复杂情形下的飞行风险预测管控和安全操纵引导技术的开发与应用提供技术参考和方法支撑。

本书的出版得到了国家自然科学基金(编号:62003368)和装备预研重点实验室基金(编号:6142202190111)的资助,在此表示感谢。在写作本书的过程中,曾参阅了相关文献资料,在此谨对其作者表示感谢。

由于水平有限,书中不足之处在所难免,恳请专家、读者批评指正。

著　者

2022 年 7 月

目　　录

第1章 绪 论

1.1 研究背景与意义

1.1.1 研究结冰条件下飞行风险的必要性

飞机结冰是指飞机表面发生冰积聚的现象,通常包括地面结冰和空中结冰两方面。地面结冰主要是指飞机在外场过夜停放或等待起飞阶段,由于外部温度较低、空气相对湿度较高或遭遇降雪、降雨等天气情况时,飞机表面积聚冰晶或冰霜的现象,通常在飞机起飞前喷洒除冰液除冰且在一定时限内有防冰作用。空中结冰主要是指在一定气象条件下,大气中的液态水或冰晶小颗粒等与飞机迎风面撞击成冰的现象,如图1.1所示。统计显示,空中结冰诱发飞行事故数占结冰诱发飞行事故总数的92%,因此飞机空中结冰是各国学者研究的重点内容,也是本书主要研究对象,下述的飞机结冰均指空中结冰的情况。

图1.1 地面结冰和空中结冰图

20世纪20年代初,美国在开展定期航空邮政运输业务中频繁遭遇结冰威胁,引起了各国学者对飞机结冰问题的重视。直至今日,由结冰引起的飞行事故仍时有发生:2009年2月12日,美国科尔根航空3407号班机遭遇高空结冰,因飞行员疲劳驾驶且操纵不当导致飞机失速坠毁,造成机上49人和地面1人遇难;2009年6月1日,法国A330客机在大西洋上空飞行时遭遇动静压传感器结冰,机上228人全部遇难,是世界航空史上最严重的一起飞机结冰事故;2014年12月28日,从印尼飞往新加坡的A320-200客机发生坠海空难,事故调查报告称"飞机可能穿入一片雷雨云,飞机表面结冰可能引发冰体脱落,进而打伤飞机发动机";2018年2月11日,俄罗斯一架安-148飞机起飞2 min后坠毁,机上71人无一生还,调查结果显示,飞机空速管结冰导致飞行员获得错误航速信息,进而诱发坠机。波音公司统计结果表明,飞机结冰是诱发飞行失控(LOC-I)严重事故的三大因素之一,如图1.2所示。

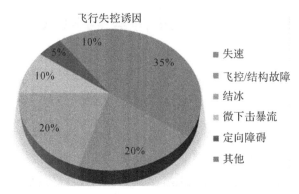

图1.2　波音公司统计的1986—1996年飞行失控诱因分布图

随着我国航空运输需求和军事飞行任务需求的不断提高,飞行密度逐渐增大,曾多次发生结冰导致的重大飞行事故。2001年1月4日,两架某型飞机因尾翼结冰,在进近着陆阶段相继坠毁。2004年11月21日,东方航空公司一架CRJ-200飞机由于停放后除冰不彻底导致起飞过程中坠毁,机上55人全部遇难。2006年6月3日,某型飞机在多次穿越云层后结冰导致飞机失控,机上40人全部遇难,此次空难事故震惊了国内航空界,由结冰引起的飞行安全问题引起了极大的关注。2019年1月29号,某型飞机因结冰问题再次发生重大空难事故,损失惨重。我国幅员辽阔,地形复杂,气候变化多样,极端天气频发,严重影响和制约了航空运输业的发展和空军军事训练。基于上述背景,有必要深入研究结冰遭遇条件下的飞机飞行风险,探索飞机结冰对飞行安全的威胁程度,制定科学、合理的结冰风险规避策略与安全操纵策略。

结冰对航空器起飞、降落等低空飞行阶段的威胁最大,飞机在穿越云层时,驾驶员必须特别注意飞机是否结冰以及结冰后进入复杂状态时的安全操纵问题。当前,美国联邦航空管理局(FAA)拟提高结冰适航审查标准,在美国联邦航空条例第25部(FAR 25)中修订附录C并新增附录O,主要是针对过冷大水滴等严重结冰天气的适航审查。国际民航组织(ICAO)、国际航空运输协会(IATA)、欧洲航空安全局(EASA)、FAA、美国国家航空航天局(NASA)、中国民用航空局(CAAC)等机构正在积极推进《飞机复杂状态改出训练援助计划》(*Aeroplane Upset Recovery Training Aid*)的实施,旨在提高驾驶员在面临包括结冰等因素导致的复杂状态时的操纵改出能力。美国以法律条文的形式要求所有FAA注册的承运人在2019年3月12日后,必须开展包括飞机结冰的复杂状态预防与改出培训(UPRT)且不能豁免任何人偏离这一要求。现行法规或训练指南给出的风险判定依据是面向所有复杂危险情况的,没有区分天气条件和飞机故障模式,仅仅依靠俯仰角和坡度角等少数飞行参数来确定飞机风险等级,且没有其他辅助手段指导飞行员采取进一步合理的操纵策略。这种风险判定和保障方法带来了不利影响：①风险判定依据仅为飞机当前飞行状态，不具有预测性，难以提前规避潜在风险；②没有具体区分诱发飞机进入危险状态的原因，对指导驾驶员改出不同类型的危险状态不够明确，很大程度上依赖于飞行员的自身能力；③不同情况下导致的飞行风险，其改出策略不同，如飞机遭遇高空结冰时，允许飞行员通过降低高度换取速度（加速度不变）的方法改出失速状态，而低空结冰时，安全操纵裕度极小，飞行员需特别关注高度损失和姿态变化情况，其改出策略与高空结冰改出策略完全不同。因此，即使先行落实 UPRT 的美国部分航空部门，也发生了一些飞行事故或风险事件，如：2019 年 2 月 24 日，一架波音 767-300 货机失控坠毁；2019 年 1 月 18 日和 19 日，在连续发生两起弱冻毛毛雨、大侧风天气情况下，发生了飞机冲出跑道事件。

随着航空事业的急速发展，航线飞行密度不断提高，将不可避免地出现由于结冰引发的飞机飞行安全问题。此外，随着通用航空的发展和低空领域管制的逐步放开，无人机必将得到更为广泛的应用。由于无人机飞行高度较低，速度（加速度不变）较慢，更容易发生结冰问题，且其程控或遥控操纵性能远不及有人驾驶飞机，使得其进入复杂状态后更难维持既定飞行状态，从而对飞行任务造成严重影响甚至发生飞行事故。无论是短期内的实际需求，还是长期中对结冰致灾问题的深入挖掘，研究结冰遭遇条件下的飞行风险问题都迫在眉睫。

1.1.2 研究飞行风险量化理论与风险可视化技术的重要性

结冰遭遇情形下的飞行，由飞行员、飞机和结冰等外部环境三大要素之间的信息传递、处理、控制与反馈构成了彼此交联、相互制约、密切协同的复杂系统。其复杂性不仅表现在系统庞大、层级结构纵横交错，还体现在系统中诸多影响因素的随机性、不确定性和耦合性。随着对飞机安全性与适航性研究的不断深入，人们发现飞行风险事件往往是由多个连续的低风险事件耦合作用下形成事件链后诱发的。结冰遭遇情形下的人-机-环系统中，单个节点或影响因素均可能对飞行过程产生不利作用，使飞行风险逐步复杂化，引发诸多不利因素的耦合连锁反应，最终导致飞行风险事件的发生，如图 1.3 所示。

国外开展飞机结冰问题的研究已经历时数十年，NASA，FAA，ICAO 等机构开展了大量的研究工作，形成了一套比较成熟的理论与方法，制定了针对飞机结冰的适航准则，但缺少系统的从飞机结冰条件下的飞行模拟到风险预测评估再到安全指示引导的理论与方法，且学术界对飞机结冰的分析大多为结冰机理特征研究以及结冰后的飞行动力学计算，在结冰条件下飞行风险概率量化方法与风险预测方面缺乏深入的研究，更没有考虑结冰遭遇动态过程中多不利因素的随机性和不确定性对飞行安全的综合影响。而飞行风险的量化概率是一个重要的飞行安全参考指标，是当前飞机安全性设计和适航性审查重点关注的内容，对于保障飞行安全具有重要的意义。国内对飞机结冰问题的研究，大多是在跟踪国外研究的基础上有所创新和突破，2013 年中国空气动力研究与发展中心（简称"29 基地"）建成了国内首个大型冰风洞，逐步开展了基于冰风洞试验的飞机结冰致灾机理研究，目前尚处于基础探索阶段，对结冰遭遇情况下飞行风险概率量化方面的研究严重不足。

现行的国内外安全性设计标准与指南，对由于飞机内部硬件系统失效导致的飞行事故概率有明确的计算指标和量化方法，但上述方法中大多数都是基于部件故障率等静态可靠性指标分配法提出的，对外部环境诱发的飞行风险缺乏量化指标和手段。当前针对结冰飞行风险量化的理论与方法，大多是静态可靠性评估或定性分析，这些方法在由结冰等外部环境引起的动态飞行风险研究方面具有一定的局限性:①考虑因素有限,难以全面评估人-机-环系统中多不利因素耦合作用下的飞行风险;②基于确定性模型的可靠性指标分配,无法反映结冰遭遇过程中多不利因素的不确定性和随机性等特点;③无法描述飞机飞行过程中的动态风险变化情况,难以给出量化概率指标预测结冰导致的飞行风险。因此,迫切需要提出一种结冰遭遇情形下动态飞行风险量化的新理论和新方法来保障飞行安全。

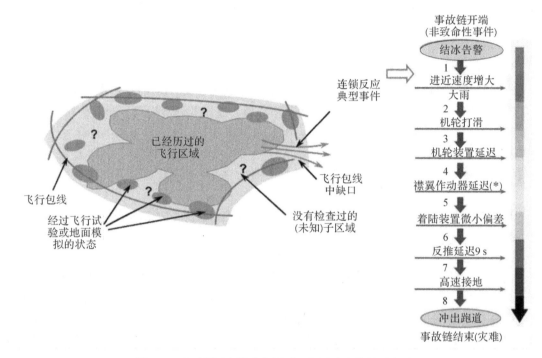

图 1.3　多不利因素耦合作用下飞行风险事件链示意图

飞机遭遇结冰的概率较低,一旦发生,可能在较短的时间内导致飞行风险骤然提高,属于高危低频型事件。更严重的是,机体结冰将导致飞机动力学响应特性和操稳特性的异常变化,降低飞行员对飞机的操控能力,引起连锁反应甚至可能逐步发展成为灾难性飞行事故。由于结冰诱发的飞行风险问题属于小概率事件,无法使用传统的频率概率统计法对其开展研究。借鉴 SAE ARP-4761 中关于飞行事故发生概率的相关定义,假设由结冰诱发的飞行事故概率为 $10^{-5} \sim 10^{-6}$ 数量级,在无先验知识的情况下,以95%的置信水平为例,则研究结冰飞行风险量化所需的样本容量高达 $3.81 \times 10^7 \sim 3.85 \times 10^8$,如此大容量的样本数据是难以获取的。此外,若错误地选择了样本所服从的数学分布模型,则通过该模型确定出的风险概率值可能与实际情况相差甚远。因此,如何运用有限的样本数据客观、定量地确定动态飞行风险是需要解决的理论问题,这也是本书的主要研究内容。

现行的适航法规和设计标准中提出的系统安全性分析方法,如功能危险分析、系统安全性评估、安全性指标分配、特定风险分析等,考虑因素较少,难以有效量化飞机结冰诱发的小概率、高危险性风险事件。近年来,在金融风险预测、自然灾害预警以及信号处理等领域中的高危低频风险事件研究中发现,该类型风险事件的极值样本具有明显的厚尾特性。极值理论可以有效地描述这种分布形式,在小概率事件的风险预测和评估中具有明显的优势。然而,结冰遭遇情形下的飞行风险诱发因素较多,在风险量化过程中涉及多元极值参数的相关性问题,一元极值理论的相关结论和方法不能直接推广应用到多元参数分析中。因此,需要探索多元极值参数间的相关性结构,构建多元极值参数模型。Copula 理论能够有效地描述参数变量之间的非线性相关结构形式,可以反映多元极值耦合情形下的联系和发展趋势,具备考虑多个变量耦合作用下的联合分布形式,能够更精确、合理地评估飞机结冰等高危低频类型的飞行风险发生概率。

当前,学术界尚未见到针对结冰飞行风险可视化方法的公开报道,而飞行风险可视化建模对于指引飞行员安全操纵具有重要意义。当前,NASA,FAA,ICAO 等多家权威机构已经将环境风险可视化技术列为未来航空技术发展需要突破的重要方向之一。虽然我国国务院已明确将安全性技术列为大型飞机研制中需要突破的 10 项关键技术之一,但目前针对复杂环境状态下的飞行风险可视化结构仍然缺少有效的评估与建模方法,对基于飞行风险动态预测的驾驶员安全操纵引导技术的研究尚处于起步探索阶段。飞机上常用的多普勒气象雷达探测系统只能简单地标注出云雨分布的情况,仅依据气象雷达信息规避风险区域可能产生误判,误入实际风险较高空域,如美国南方航空 242 号航班误入风暴区后发生连锁反应坠毁;而机载结冰告警传感器分布较少,且所能提供的信息有限,如空速管结冰后,飞机无法获得正确的空速信息,飞行控制系统可能出现矛盾甚至错误的指令。2005 年,一架波音 777 - 200 飞机在爬升过程中,发动机告警系统提示空速降低,而飞机主显示器提示右侧扰流板全开,并显示飞机同时接近超速极限和失速极限。可见,多普勒雷达和机载结冰告警传感器所能提供的风险信息有限,仅仅依靠现有机载探测信息预测飞行风险、规避敏感空域是不够的。因此,有必要研究基于飞行风险预测和量化评估的风险可视化方法,从而对结冰条件下的风险规避与安全操纵引导提供有效支撑。

1.2　国内外研究现状分析

1.2.1　针对飞机结冰问题的国外研究现状

遭遇结冰时飞机在起飞、着陆乃至空中巡航等阶段均有较大的风险,尤其是在起飞、着陆等离地面比较近、大气环境更为复杂的情况下。机翼不对称结冰可能导致飞机急剧滚转下坠,而尾翼结冰可能导致飞机丧失抬头力矩而急速俯冲,空速管结冰可能导致飞行员和飞控系统无法获得准确的空速信息进而引发飞行事故,进气道结冰可能导致进气流场畸变、进气量减少、推力损失甚至冰体脱离打坏叶片,等等,如图 1.4 所示。沉痛的飞行事故教训使得国外航空界较早开始关注飞机结冰问题。美国、加拿大以及欧洲各国的主要研究机构针对飞机结冰对飞行安全影响的问题开展了大量的理论研究和试验探索,例如,NASA 格林研究中心与法国航空航天研究院(ONERA)、伊利诺伊州大学联合构建了 NASA 23012 翼型标准结冰数据库。NASA 刘易斯研究中心开展了平尾结冰项目(TIP)研究,以双水獭飞机和 NASA 冰风洞为试验平台,研究多种结冰模式下的平尾空气动力学特性。加拿大国家研究委员会研究了自然结冰条件下 Convair 580 飞机的动力学响应特性。目前,FAA 通过了 FAR 25 部第 140 号修正案(Amdt. 25-140),并将在 25 部适航规章中增加 25.1420 条和附录 O(主要是过冷大水滴)等相应的适航性条款,对民用飞机结冰适航审查提出更加严苛的要求,FAA,EASA 和 CAAC 均建议并计划对航空器实施该类结冰气象条件下的适航性审查。ICAO,IATA,FAA,EASA 等机构均正在对结冰诱发的 LOC-I 事件开展驾驶员培训方法的探索和培训条件的建设。

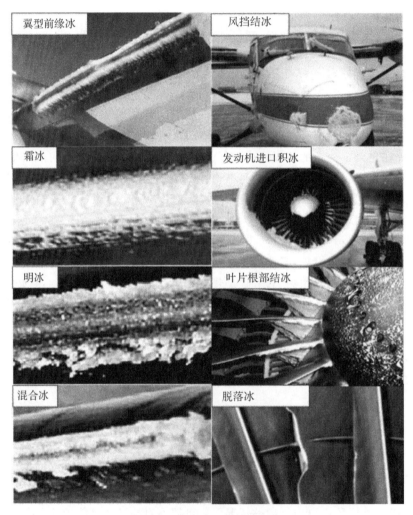

图 1.4 典型冰型与结冰部位

针对结冰对飞行安全的影响,目前的研究主要集中在以下几方面:①结冰模拟方法研究。通过冰风洞试验、数值仿真及飞行试验等手段,研究结冰相似准则,分析气象条件与结冰形成机理和冰型演化过程等。②结冰对空气动力特性和飞行动力学特性的影响研究。探究结冰后的气动参数、稳定性导数的变化,非线性及失速特性等。分析不同结冰严重程度及结冰分布情况下的动力学响应及对飞机总体性能、操纵性、稳定性等方面的影响。③容冰飞行与结冰边界保护研究。研究结冰后的参数辨识方法、结冰检测与告警方法及飞机容冰飞行控制方法,并提出结冰管理系统。④防除冰系统与结冰区规避方法研究。探索高效、快捷的防除冰方法,研究结冰区的准确预测与规避方法,以及复杂状态下的改出策略。下面针对本书重点关注的结冰后动力学特性与安全保护方面进行分析。

1.2.1.1 结冰对空气动力学特性影响的国外研究现状

结冰对飞机动力学特性的影响一直是飞机结冰问题的主要研究课题。早在 1929 年，Carroll 与 Kopp 就已分别指出，相较于结冰对飞机重量增加的影响，飞机空气动力学特性恶化对飞行安全的影响更显著。之后，各国学者通过数值模拟、飞行试验或冰风洞试验等多种方式模拟飞机自然条件下结冰，研究结冰后的飞机气动特性，探索结冰对空气动力学特性的作用机理。上述三种研究手段相互支撑，互为依托，通过冰风洞吹风试验能够为数值模拟计算提供基础数据支撑，数值模拟计算又能够为带模拟冰型试飞或自然结冰条件下试飞提供先验知识，反之，试飞试验能够验证并指导改进冰风洞试验和数值模拟计算。

（1）冰风洞试验。国外开展模拟结冰冰风洞试验建设较早，已经建成了 20 余座冰风洞，包括著名的 NASA 结冰研究隧道（Icing Reasearch Tunnel）、波音气洞覆冰隧道（Aerodynamic Icing Tunnel）、意大利航空航天中心（CIRA）冰风洞、伊利诺伊州大学低速冰风洞等。为了解决各国学者所研究的结冰模型不统一的问题，由 NASA 格林研究中心主导，分别在 NASA 冰风洞、伊利诺伊州大学低速冰风洞和法国国家航空航天局（ONERA）的 F1 增压风洞中开展缩比模型和全尺寸模型试验，构建一套针对翼型 NACA 23012 的缩比与全尺寸模型的标准结冰数据库，部分试验现场如图 1.5 所示。此后，各国学者基于标准结冰数据库开展了大量研究。

图 1.5　缩比尺寸与全尺寸模型冰风洞试验现场

Ansell 等人在冰风洞试验中测量了不同冰污染条件下的铰链力矩特性，发现襟翼铰链力矩在接近失速迎角前会出现明显异常波动，据此提出了通过探测铰链力矩的变化趋势预测失速迎角的观点，为机翼结冰告警和边界保护提供了理论支撑。随着研究的深入，冰风洞试验逐渐由机翼结冰向全机结冰方向发展。NASA 与 Bihrle 应用研究公司开展合作，在德国诺伊堡的大振幅多功能（LAMP）风洞中，针对"双水獭"（DHC - 6 飞机）、塞斯纳（Cessna）商务喷气机、S - 3B 反潜机的缩比模型开展了静态冰风洞试验，研究了一套典型结冰模拟冰型和大量的全机试验数据，为后续开展计算流体力学（CFD）数值模拟研究粗糙冰、角状冰、流向冰、展向冰的流场特性和气动特性奠定了基础，为开发结冰飞行模拟器提供了高精度的结冰气动参数模型，部分试验现场如图 1.6 所示。

之后，NASA 针对通用运输类模型（GTM）开展了结冰条件下大迎角和侧滑角情况下的气动特性研究，促进结冰试验研究向深失速机理探究方面发展，为后续驾驶员开展 UPRT、结冰条件下深失速改出训练等提供了技术支撑。

在一定相似准则规定条件下,冰风洞试验能够有效模拟飞机自然结冰条件下的结冰特性和动力学响应特性,相较于结冰试飞试验,冰风洞试验的可重复性、低成本和模拟结果的可靠性,使其得到了广泛的关注。但相较于数值模拟试验,开展冰风洞试验的成本较高,时效性较差。开展整机级或结合模型自由飞等科目的风洞试验是今后一个重点发展方向。

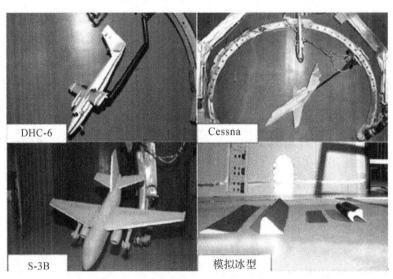

图 1.6   三种机型缩比模型试验及典型模拟冰型

(2)数值模拟计算。20 世纪 80 年代末期,运用计算流体力学等手段开展了大量的结冰后复杂流动特性的数值仿真计算,主要开展了结冰相似准则、流场中水滴撞击特性、冰型预测和结冰后的气动特性等方面的研究,开发了结冰计算专用软件,包括加拿大的 FENSAP-ICE、美国的 LEWICE 和 LEWICE3D、英国的 DRA、法国的 ONERA 以及意大利的 CIRAMIL 等。其中加拿大的 FENSAP-ICE 软件能够开展全机结冰计算,功能最为强大。相关学者通过数值仿真计算,针对结冰后的空气动力学问题开展了一系列的研究,逐步提出了分离涡模拟法、雷诺平均 N-S 法等。近年来,由于深失速动力学特性研究的实际需求,为更精确地描述失速迎角区域流动特性,提出了将雷诺平均(RANS)与大涡模拟(LES)相结合的动态混合 RANS/LES 法。利用混合法能更好地描述结冰后的非定常流动特性,是未来结冰数值模拟计算的一个重要发展方向。

(3)飞行试验。相较于风洞试验和数值模拟计算,飞行试验获取的试飞数据更具说服力,基于此辨识得到的结冰后飞机气动参数更为准确。较早时,Preston 等人测量了自然结冰状态下 C-46 飞机的阻力和推力变化情况。NASA 基于"双水獭"飞机开展了尾翼结冰研究计划(TIP),主要进行了平尾除冰系统除冰系统失效、除冰间隙结冰与角状冰共 3 种情形下的试验,获取了大量珍贵的结冰飞行数据;NASA 又以一架下单翼、T 型高平尾、双发涡扇、轻型商务机为测试平台,通过加装模拟冰型(见图 1.7),开展了除冰系统故障、粗糙冰、回流冰 3 种情况下的空中试验,对比了风洞缩比模型试验数据,有效支撑了结冰模拟器的开发。此外,NASA 刘易斯研究中心开展了自然结冰环境试飞和平尾加装模拟冰型试飞工作,采用最大似然法和性能建模法研究了气动导数、控制导数等变化规律。Miller 等人通过 4 个构型 2 个架次的"双水獭"飞机干净构型和加装平尾模拟冰型试飞,运用改进的逐步回归法和正交函数拟合法等参数辨识方法,构建了基于多项式拟合的典型平尾结冰气动数据库。Melody 研究了结冰条件下时变与时不变的参数辨识问题,综合运用 H_∞ 算法、巴氏最小二乘法等能够快速、精确地指示飞机结冰。

图 1.7　NASA 商务喷气式飞机加装模拟冰型飞行试验

1.2.1.2　结冰对飞行动力学特性影响的国外研究现状

飞机结冰改变机体表面流场,进而改变了飞机飞行动力学特性。研究结冰遭遇情形下的飞机飞行动力学特性是探索结冰致灾机理,预测结冰危害,分析飞机飞行品质,开发防除冰系统以及容冰飞行控制系统等工作的前提要求。当前主要是通过求解结冰条件下飞机动力学方程等数值计算方法研究结冰后的飞行动力学特性,通过带模拟冰型或自然结冰状态下试飞验证动力学模型的精度和可信度。主要内容包括以下几方面。

1.结冰气动参数影响模型

构建正确的结冰气动参数影响模型是开展飞行动力学仿真的前提条件。由于结冰冰型的多样性及其对气动参数影响的不确定性,尚未开发出结冰对气动参数影响的通用模型,当前各国仍在努力探索结冰对气动参数的影响机理以及数学模型的构建。Bragg 教授基于经验估算提出了结冰参数模型,从飞机几何尺寸和结冰对气动参数的影响两个角度分别建模,具有物理意义清晰、构造简便的特点。Dale 等人基于"双水獭"飞机平尾模拟结冰试验,验证了该模型的有效性。该结冰冰量模型具有广泛的适用性,后续诸多学者在此基础上不断优化改进。Bragg 与 Kim 进一步运用神经网络算法,探讨了冰型与翼型气动参数之间的关系。Lampton 等人研究了单侧机翼除冰系统故障情况下的非对称结冰影响模型,提出了基于试飞数据的气动参数退化因子简化计算方法,并基于 Cessna 208B 飞行试验验证了模型的可靠性。Hui 等人在运用最大似然法辨识了试飞数据中结冰前后的气动参数,讨论了结冰环境无量纲参数与气动参数退化因子之间的关系。

2.结冰后飞行动力学特性研究

国外运用上述介绍的多项自然结冰条件下的飞行试验、模拟冰型飞行试验以及飞行仿真等手段,开展了大量的结冰后飞行动力学特性研究工作,主要包括结冰遭遇情况下飞机总体性能、操稳特性以及自动驾驶时的闭环特性等方面。但由于结冰致灾机理的复杂性和随机性等特点,结冰后的飞行动力学特性研究仍然是当前各国研究的重点内容。

Ranaudo 等人通过"双水獭"飞机自然结冰条件下的飞行试验,研究了不同位置结冰、除冰系统不同工况时的飞机升阻特性变化趋势,如图 1.8 所示。Frank 研究发现结冰后机翼最大

升力系数 C_{Lmax} 与升力系数变化量 ΔC_L 近似线性相关。NASA 通过 TIP 项目研究发现,"双水獭"飞机平尾结冰且襟翼偏度 30° 以上时,在襟翼下洗流的影响下易诱发平尾提前失速。Sibilski 等人在研究结冰条件下飞机爬升过程中,当飞机法向过载接近 1 时,飞机易遭遇"断崖式"失速而驾驶员可能来不及反应,如图 1.9 所示。Sharma 等人分析了结冰对自驾仪工作条件下"双水獭"飞机的影响,指出结冰对俯仰保持模式下的飞行稳定性影响不大,但仅依赖升降舵指令保持飞行高度时,易诱发升降舵输出饱和而无法精确保持高度。Cunningham 等人系统分析了结冰影响下飞机纵向和横航向的操稳特性、配平特性和模态特性等变化情况。

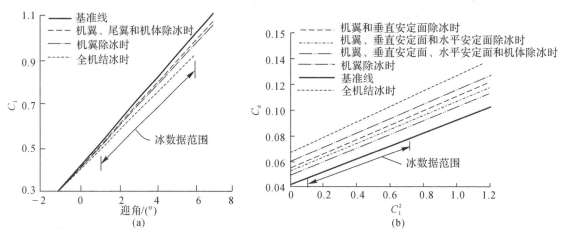

图 1.8　结冰后飞机升力阻力系数

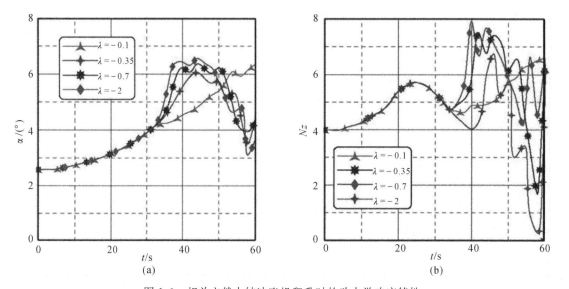

图 1.9　相关文献中结冰飞机爬升时的动力学响应特性

1.2.1.3　结冰飞行安全保障方法国外研究现状

飞机结冰导致飞机飞行性能恶化、飞行品质降级以及飞行包线"萎缩"等。结冰后的飞行安全保障方法是研究飞机结冰影响的根本目的和核心内容。Thomas 指出:"准确预测飞机结冰环境和结冰条件,并及时规避风险区域,是避免结冰风险最有效的方法。"当前多数飞机已安装有防除冰系统和机载结冰告警系统。目前主要通过结冰严重程度定性描述结冰飞行风险,共分为四个等级:极小的、轻微的、中度的和重度的。通过结冰传感器或驾驶员观察定性确定的结冰严重程度具有较强的主观性和模糊性,且未考虑不同飞机的个体差异及对结冰环境的敏感性,不同飞机在相同的结冰环境下的动力学特性变化差距巨大。NTSB(美国国家运输安全委员会)建议 FAA 通过环境温度、大气液态水含量、平均水滴直径等参数预测结冰条件,并考虑飞机结冰敏感度差异预测结冰条件下的飞行性能。FAR 25 附录 C 根据上述三个条件规定了连续和间断最大两种大气结冰条件下的结冰强度,并给出了包线参数范围,见表1.1。Thomas 研究了上述条件下的结冰风险等级划分方法,如图1.10 所示。Jeck 提出了结冰严重通用曲线,如图1.11 所示。

除了根据结冰严重程度判断飞行风险的预测方法外,研究结冰后的空气动力学特性的变化规律是目前预测结冰风险的新趋势。基于 CFD 数值模拟,Zeppetelli 等人计算了结冰后飞机最大升力系数、失速迎角等参数的变化规律,提出了描述结冰危害程度的量化指标,根据气象条件计算飞机遭遇不同程度结冰的概率值,从而得到飞机容冰飞行风险评估矩阵,为驾驶员判断是否能够进入结冰区提供参考,其流程如图1.12 所示。

表 1.1　FAR 25 部附录 C 中规定的大气结冰状态

参　　数	连续最大(层云)	间断最大(积云)
空气温度 T/℃	-30~0	-40~0
液态水含量(LWC)/(g·m⁻³)	0.04~0.8	0.02~2.8
平均水滴有效直径(MVD)/μm	15~40	15~50
气压高度范围 H/ft	海平面~22 000	4 000~30 000
水平范围/n mile	5~310	0.26~5.21

注:1 ft=30.48 cm。

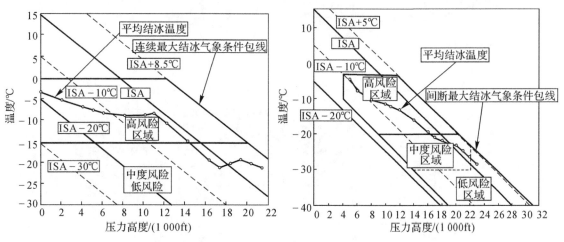

图 1.10　相关文献提出的连续与间断最大条件下温度-压力高度关系图

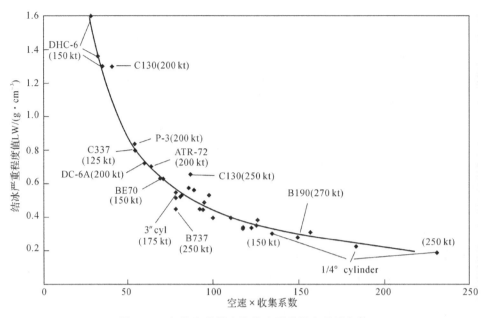

图 1.11　相关文献提出的结冰严重程度通用曲线

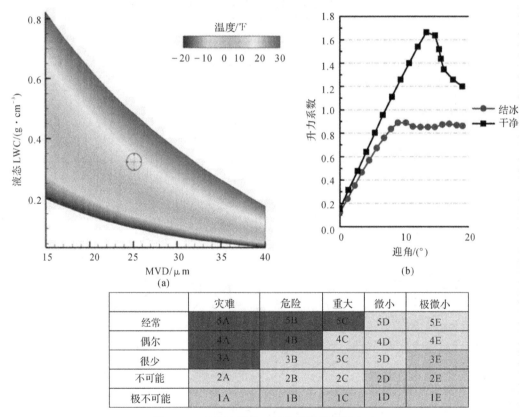

	灾难	危险	重大	微小	极微小
经常	5A	5B	5C	5D	5E
偶尔	4A	4B	4C	4D	4E
很少	3A	3B	3C	3D	3E
不可能	2A	2B	2C	2D	2E
极不可能	1A	1B	1C	1D	1E

图 1.12　相关文献提出的结冰风险预测方法

(a)基于 CFD 手段的气动性能预测；　(b)风险评估矩阵

注：①1℉＝32＋1℃×1.8。

②彩插均列于书后，不再一一标出。

当无法避免飞机结冰或除冰系统不能完全清除机体积冰时,必须考虑飞机带冰飞行的能力,又称为容冰飞行。随着航空运输任务密度不断提高,为保证飞行任务按时完成、控制运营成本,运营者致力于探究飞机容冰飞行的边界条件。Bragg 教授团队开发了智能结冰系统(Smart Icing System,SIS),在原有结冰保护系统(IPS)中增加了智能结冰管理系统(IMS),其原理如图 1.13 所示。结冰探测系统辨识到的结冰信息传递到 IMS 中,并通过统一管理,将指令传递给 IPS 和飞行员,有效提升了结冰自动边界保护和结冰自适应飞行控制能力。

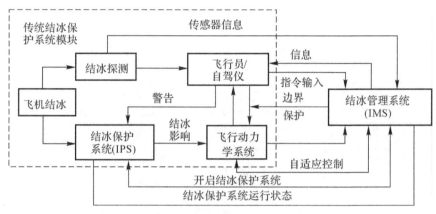

图 1.13　智能结冰系统示意图

田纳西大学在 NASA 格林研究中心的支持下开展了大量关于智能防冰系统的飞行试验,探究了最能表征结冰信息的性能参数和控制参数,开发了结冰污染边界保护系统(Icing Contamination Envelope Protection,ICEPro),如图 1.14 所示。该系统通过探测结冰情况,预测飞行品质降级等级并及时提示飞行员飞行包线缩减情况。

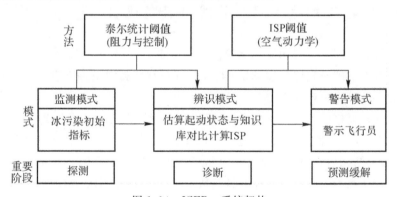

图 1.14　ICEPro 系统架构

Caliskan 等人设计了容冰飞行控制系统(Icing Tolerant Flight Control System,ITFCS),其原理如图 1.15 所示。ITFCS 实时探测结冰信息,将结冰严重程度等信息传递给驾驶员和飞行控制系统,并且能够实现基于结冰严重程度的控制律重构,保障飞行安全。

此外,Mcrrct 等人研究了大气扰动情况下的飞行包线保护措施;Hossain 等人运用自适应控制技术预测了结冰条件下的失速边界;Sharma 等人采用线性矩阵不等式方法探讨了不同结冰条件下的迎角实时保护问题;Aykan 等人运用卡尔曼滤波、神经网络、容错控制等技术,研究了飞机结冰探测识别、控制律重构等问题,并在 A320 和 F16 等典型民用大飞机、军用战斗机上开展了仿真验证。

这些方法极大地促进了飞机结冰安全保障工作。上述保护系统的输入多数是结冰传感器探测到的结冰强度等信息,而不同结冰冰型、结冰位置和结冰强度对飞机动力学特性的影响显著不同。同时,上述保护系统是基于当前结冰状态开展相关参数限制和飞行安全保障的,对驾驶员采取的不同操作方式不具有预测性和指导意义。因此,有必要在上述研究的基础上,进一步研究具有预测能力的结冰条件下驾驶员操纵引导技术。

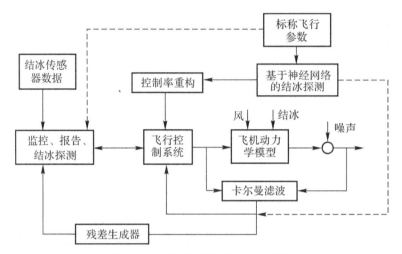

图 1.15 容冰飞行控制系统示意图

1.2.2 针对飞机结冰问题的国内研究现状

随着低空管制的逐步放开和航空运输密度的不断增长,我国对飞机结冰问题也日益重视,目前已有国家重大基础研究计划(973 计划)项目针对结冰致灾机理问题开展研究。国内对飞机结冰问题的主要研究内容如下。

2013 年,29 基地建成了我国首个大型冰风洞,正紧锣密鼓地开展相关试验研究,解决了我国长期缺乏地面结冰试验手段的尴尬境况,为获取一手真实、可靠的结冰后参数数据提供了有力的支撑,为校验结冰后动力学模型与仿真精度提供了有效的保障。易贤等人研究了结冰相似准则,李明、王梓旭等人研究了冰风洞试验段过冷水滴状态和液滴相变效应,分析了冰风洞中云雾参数校验方法,为开展冰风洞试验提供了支撑。李杰教授团队运用 IDDES 方法研究了大迎角状态下缝翼前缘角状冰的流动分离数值模拟方法,分析了失速点附近的分离泡特性与尾迹演化规律。桑为民教授团队通过数值仿真计算,研究了水滴动力学特性和撞击破碎特性。曹义华教授团队提出了一种结构/非结构混合网格法,研究了积冰对飞机操稳特性的影响,分析了波音 757 翼型结冰后的气动性能,计算了飞机结冰对飞行包线和动稳定性的影响规律,与加利福尼亚大学的 Hess 教授联合开展了 UH-60A 直升机结冰后的配平特性和稳定性问题的研究。王立新教授团队研究了平尾结冰致灾机理与风险规避方法。邢玉明教授团队综述了发动机结冰研究进展情况。朱春玲教授团队主要研究了结冰后的数值计算方法和水滴撞击特性模拟。张智勇等人研究了结冰气动参数辨识方法,设计了开环/闭环包线保护控制律。张大林教授团队在构建引射式冰风洞的基础上开展了相关试验研究。艾剑良教授团队研究了结冰参数辨识方法和容冰控制方法。刘娟等人研究了过冷大水滴遭遇时,不同结冰环境参数、不同来流速时的冰型敏感性并开展了仿真分析。孔满昭等人通过冰风洞试验,测量了机翼加装模拟冰型时不同构型结冰后气动特性变化规律,为设计飞机防除冰系统提供了技术支撑。史刚等人在冰风洞试验中测量了展向冰脊作用下的副翼铰链力矩特性。中国飞行试验研究院等相关单位开展了部分型号飞机(Y12 - Ⅱ 型、Y7 - 200A 型、ARJ21 - 700 型等)的结冰适航试飞工作,但相关试验内容和数据尚未公开。

总的来说,国内开展飞机结冰问题研究起步较晚,在跟踪研究的基础上有所创新和突破。但国内对结冰飞行风险的研究不够系统与深入,与国外的研究水平相比仍存在一定的差距。

1.2.3 飞行风险分析方法的国内外研究现状

飞行风险研究是开展飞机安全性设计的核心内容,结冰遭遇条件下的适航性审查是各国适航准则中规定的必备条款,结冰遭遇下飞行风险预测与识别也是当前开展飞行员 UPRT 培训中明确规定的训练科目。研究结冰飞行风险必然涉及飞行风险概率评估与风险预测方法。飞行风险研究是保障飞机安全运行的先决条件,从这个意义角度出发,研究飞行风险就是研究飞行安全。

国外已开展飞行安全研究多年,在安全性评价、安全性设计等基础理论与应用方面取得了丰硕成果,提出了海因里希安全法则、墨菲定理、事故链理论以及人-机-环理论等事故机理分析模型等,制定了一套飞机系统安全性设计规范和指南,包括 SAE ARP 4761,SAE ARP 4754A,MIL - HDBK - 516B 和 MIL - STD - 882E 等。当前,工程实际中主要是应用规范和指南中规定的飞行安全性指标分配方法和风险评估方法。学术界对飞行安全与飞行风险评估理论与方法进行了大量的探索工作,总体上定性分析居多,定量分析则以静态安全性指标分配为主。Mohaghegh 等人将系统动力学理论、贝叶斯网络、事件图和故障树等理论应用于飞行风险管控中,提出了航空维修系统风险分析方法。Brooker 等人探索将马尔可夫链、故障树、事件树等方法应用于飞行风险评估中。Ocampo 等人提出了小型飞机损伤概率模型计算方法。Cortina 设计了小型飞机风险计算软件,依据结构强度失效率、阵风载荷、过载等因素关系定量计算了飞行风险。Balachandran 在研究马尔可夫状态转移链的基础上,提出了飞行风险评估模型。

传统的飞行风险分析方法大多是基于可靠性系统安全分析,主要针对元部件故障或人为失误等静态因素开展飞行风险评估工作,无法研究外部环境作用下的飞行风险及飞机安全性,更无法讨论飞机飞行过程中的动态飞行风险,而绝大部分飞行事故均是在多种内外因素动态耦合作用下发生的。Arne 指出了传统安全性分析方法在飞行风险量化及飞机安全性分析中的局限性。全球重大飞行事故统计表明,92% 的事故是由多因素耦合作用导致的,每个事故平均有 4.39 个基元事件,部分事故则多达 20 个。FAA,ICAO 已经规定,所有经 FAA 认证的飞行员必须开展基于飞行模拟的复杂状态培训课程,以提高飞行员处置飞行风险的能力。因此,国内外已经开始探索下一代风险评估概念和技术。NASA 运用新的系统安全设计理念对两种下一代自动化武器进行了安全评估;NASA 兰利研究中心在 SAFETI 试验室,依托 NASA

航空安全计划,开展了综合性安全建模仿真研究,如图1.16所示;Mendonça提出了基于飞行模拟仿真的飞机安全性分析方法,并证明了运用飞行模拟开展飞行安全保障工作的必要性;Blum讨论了基于蒙特·卡罗模拟开展飞机安全性分析的可行性;Zeppetelli运用CFD数值模拟方法研究了结冰条件下的飞行风险。目前,蒙特·卡罗法与飞行仿真建模相结合是开展飞行风险评估研究工作的新趋势。

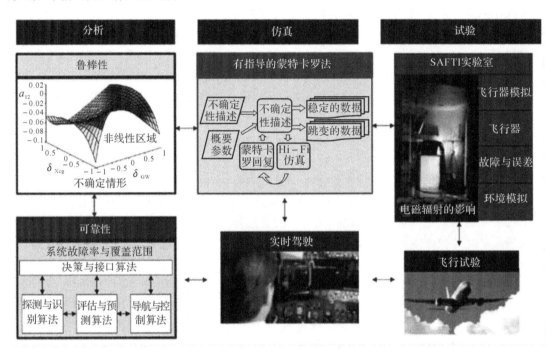

图1.16　NASA提出的综合性安全建模仿真方法

美国、法国等先进飞机设计部门特别重视飞机系统安全性设计中的仿真建模与推演,并已经在A-380,Boeing-787等型号设计阶段,运用飞机安全性建模和飞行风险仿真等手段开展了飞机级和系统级的功能危险性分析,实现了飞机安全性的定量分析、透明可控,该方法已经推广应用于新机型的论证设计、研制使用等全寿命周期。波音公司完全基于高精度建模技术设计了Boeing-777虚拟样机,极大地缩短了研制周期,节省了大量设计经费;波音公司针对Boeing-787飞行控制系统,开展了全方位非线性复杂系统仿真分析;空中客车公司(简称"空客")针对A380飞机的关键部件开展了风险仿真和优化设计,构建了整机级的综合仿真系统。

俄罗斯Ivan等学者认为,在飞机设计初期加入飞机安全性仿真技术能够缩短设计周期,降低开发经费,提高全寿命使用周期内的安全性,弥补空中试验验证状态点少的缺陷,并开发了虚拟样机、虚拟试飞与安全性评估软件,推广应用于包括波音公司、空客等在内的11个飞机设计局,已参与设计多种型号飞机、旋翼机和高超声速飞行器。VATES的设计思路是通过飞行仿真模拟某一状态点后所有可能的飞行情况,判别可能存在的风险隐患,如图1.17所示。图1.18形象地给出了虚拟设计的优势,但作为商业软件,其关键技术及核心模型对外严格保密和封锁。

俄罗斯、乌克兰等苏系飞机设计部门,同样高度重视飞机安全性建模仿真,已形成了一套成熟的飞机安全性设计理论与方法。需要强调的是,其特别重视飞行风险动态演化过程,在危险飞行科目前必须开展安全性仿真推演和系统风险量化评估。Иванов 教授团队开发了飞行安全评估系统,针对高危险性、低发生概率的科目试飞任务,提出了小概率飞行风险评定方法。Воробьев 教授团队提出了基于当前飞行状态参数与边界之间的距离和距离一阶导数的双参数限制飞行边界保护理论。

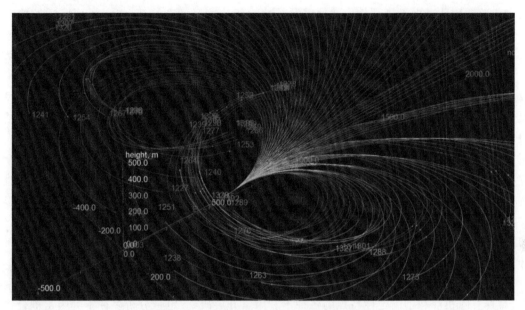

图 1.17 VATES 软件起飞风险分析示意图

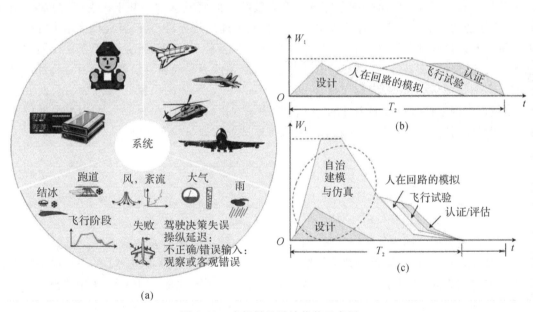

图 1.18 虚拟样机设计优势示意图

国内在飞机安全性设计和飞行风险评估方法方面开展了相关研究工作。国防科技大学周经纶教授团队出版了《系统安全性分析》专著,将风险概率引入系统安全性分析中,针对复杂系统提出了故障安全分析方法。北京航空航天大学赵廷弟教授团队研究了基于模型的复杂系统自动化安全分析方法,对比分析了基于系统扩展模型和基于故障逻辑模型的安全模型构建方法,提出了区域安全性分析优化方法,构建了基于任务过程的事故分析模型。南京航空航天大学孙有朝教授团队研究了基于故障的单机风险和基于机队规模和循环水平的机队运行风险;王华伟教授团队考虑飞机部件失效顺序及其功能相关性等动态特征,提出了面向适航的动态故障分析方法,构建了基于风险的民机持续适航安全性分析体系;陆中教授团队针对飞控系统安全性设计,提出了一套基于贝叶斯网络的安全性评估方法。西北工业大学孙秦教授团队研究了正向飞机系统故障树建模分析方法;冯蕴雯教授团队研究了波音 747-100 飞机的空难事故,提出了具有工程实践意义的灾难性事故预防方法和机载健康管控设备与算法。中国民航大学徐建新教授团队结合型号研制过程,研究了飞机安全性分析方法;刘晓东教授团队结合 FDR 数据和专家知识,提出了基于飞参超限概率和强度的风险分析方法;王鹏、郭忠宝等人运用贝叶斯网络法和模拟退火算法研究了机载通信系统安全性。中国飞行试验研究院周自全研究员团队从试飞角度,分析了飞行品质与试飞安全的关系;陆慧娟等人构建了飞行事故三维仿真模拟系统,复现了某飞行事故发生过程。29 基地和空军工程大学联合提出了飞机结冰多重安全边界的概念,为新机安全性设计、适航认证等提供了支撑。当前,我国主要飞机设计单位,如成都飞机设计研究所、第一飞机设计研究院、中国商用飞机有限责任公司等,在实际飞机设计工作中积累了不少经验做法,探索出了一套飞机安全性设计的理论与方法。

笔者所在课题组,长期从事基于人-机-环复杂系统仿真和风险评估理论与方法的探索研究,对具有随机性和不确定性特点的各种不利因素开展研究,定量分析多种不利因素耦合作用下的飞行风险。在人-机-环复杂系统数值仿真建模、随机性故障建模、多重外部不利环境影响因素建模和高危低频风险事件评估等方面具有较扎实的研究基础。基于现有研究成果,出版了《基于系统仿真的飞行安全评估方法》和《飞行安全理论与分析》。已有成果为本书的研究打下了量化的理论基础。课题组 2015 年度开始承担的国家重大基础研究计划(973 计划)"飞机结冰致灾与防护关键基础问题研究"中的课题"结冰条件下空气动力学和飞行力学特性及对飞行安全影响机理研究"(2015CB755802)以及 2018 年开始承担的国家自然科学基金面上项目"结冰飞行多因素耦合情形下飞行风险评估与建模方法研究(61873351)",可为本书提供有力的研究背景支持。合作单位也可为本书提供可靠试验数据与验证支持。

1.2.4 国内外研究现状总结

1. 国内外发展趋势与对比分析

基于上述分析的国内外研究现状,当前在结冰飞行风险评估方面的进展与重要研究方向包括:①结冰条件下的风险量化评估问题已引起普遍重视,外部环境影响下的飞行风险可视化成为重要研究方向;②基于飞行仿真试验法的飞行风险评估研究应用较多,运用建模仿真手段开展风险确定方法是当前研究的热点方向;③多元极值理论与 Copula 函数模型快速发展,已经成为研究高危低频风险事件的有力研究工具,关于多因素耦合作用下的风险等级分析是当前研究的重点理论和热点问题。

国外对飞机结冰问题的研究起步较早,知名权威机构对飞机结冰问题均已开展了大量研究工作,形成一套较为成熟的理论与方法,构建了多种经典结冰气动影响模型和结冰气动数据库。通过冰风洞试验、带模拟冰型空中试验和自然结冰空中试验,研究了飞机结冰机理,提出了多种防除冰手段和方法。基于这些研究成果,分析了飞机结冰飞行风险,研究了飞机结冰规避方法,提出了结冰风险预测、结冰飞行边界保护、容冰飞行控制律重构等风险预防方法和保护措施。目前的研究集中在:继续深入研究不同冰型的结冰机理与致灾机理,研究更精确的结冰探测、预测技术,研究结冰风险定量确定方法与风险可视化方法,研究成熟科学的飞机结冰告警与指示引导策略与方法,等等。

国内与此相比显然比较落后,长期以来国内一直缺乏自然结冰和带模拟冰型的相关飞行试验手段和设备。飞行试验是最接近实际运行过程的研究手段,能够提供最真实、可靠的结冰后动力学数据,为结冰数值仿真研究、冰风洞模拟试验等提供基础支撑,虽然针对特定机型(如Y12 - Ⅱ型、Y7 - 200A 型、ARJ21 - 200 型)开展了飞机结冰适航审查等相关试飞工作,但公开报道的相关试验内容和试飞数据不多。对飞机结冰后的数值仿真计算大多是基于国外已提出的简单结冰气动影响估算模型,该模型仅适用于小迎角区线性范围内的部分区域,在接近失速和深失速区域时,该模型计算结果与实际结冰情况偏差明显,由于缺乏试验验证手段,数值建模的可信性不高。同样由于试验条件不具备,各主机所通常借助国外冰风洞开展飞机结冰相关试验研究,这些与型号相关的试验数据往往不能公开。我国于 2013 年构建了世界上尺寸最大的冰风洞,标志着我国对结冰问题的研究手段有了本质的提升;我国拟将某型运输机改装成空中喷水试验机以模拟自然结冰环境的相关工作也在逐步推进,相关试验手段和方法的提升必将极大促进我国飞机结冰问题的研究工作。

在飞行风险评估方面,欧美等国在飞行风险管控与安全性设计方面已经形成了一套相对成熟的理论和方法,在新机设计、研制、试飞等阶段,已经将基于虚拟设计、虚拟试飞等必备方法应用于风险管控中。俄罗斯特别强调新机试飞风险前开展风险仿真推演。我国主要是借鉴欧美国家成熟的路线和方法,如美国军用标准 MIL - STD - 882E、民用航空器机载设备与系统安全性评估指南 SAE ARP - 4761 等,对飞行风险定量确定方法及风险指示引导方法研究不够系统深入,基础理论研究相对匮乏。

2. 存在的问题及解决方案

总的来说,国内外对由外部环境(如结冰遭遇情形)引发的飞行风险定量确定方法方面,尚存在诸多基础理论问题没有得到很好解决,而这些问题严重制约了深入开展航空器安全性设计、运行风险管控保障。

首先,结冰条件下多因素耦合作用诱发飞行事故涉及复杂系统的崩溃机理,传统的解析法难以适用,且飞行试验难度较大,往往涉及包线边界飞行。传统的基于可靠性的飞机系统安全性设计方法不能描述飞行事故的动态演化过程,更难以考虑外部环境耦合作用下的复杂关系。因此,从复杂动力学建模仿真的角度研究多因素耦合复杂状态下的动态飞行风险问题具有重要的理论意义和实践价值。

其次,到目前为止,国内外对飞机结冰问题的研究仍然集中在结冰对飞机周围流场及飞行动力学影响的仿真计算方面,由于还有诸多基础理论问题没有得到有效解决,目前鲜有结冰遭遇情形下的飞行风险概率定量确定理论与方法的报道。而结冰遭遇情形下的飞行风险量化确定方法是当前飞机适航审查与安全保障工作重点关注的问题,是改善和促进现行飞行安全分析需要解决的理论问题。

再次,虽然极值理论已广泛应用于自然灾害预警、金融风险预测、信号处理等领域,在解决多元极值相关性建模和描述尾部逼近分布形式等方面具有独特优势,但应用于外部环境影响下的飞行风险量化确定方法方面尚不多见。此外,应用多元极值 Copula 理论需要构建基于飞行参数极值的 Copula 模型,现有的广义 Copula 模型无法直接应用于结冰遭遇情形下多个飞行参数极值的相关性描述中,构建适用于飞行风险概率定量评估的多元极值 Copula 模型是本书需要解决的关键问题。

在此背景下,十分有必要开展结冰遭遇情形下的飞行风险量化确定方法及飞行风险可视化研究,为结冰遭遇情形下的飞行风险预测、飞行边界保护、控制律重构、安全操纵指示引导等提供参考。同时,也能够为其他条件下的风险量化提供理论支撑。

1.3　各章内容安排

以飞机结冰复杂状态条件下的飞行风险为研究对象,从建模仿真设计和理论方法创新角度出发,立足于研究分布式实时仿真系统、空气动力学与飞行力学双向面紧耦合系统、多维极值变量飞行风险量化确定方法与飞行安全操纵空间风险可视化与引导技术等应用层面,采用蒙特·卡罗人-机-环复杂动力学系统仿真试验与系统安全性分析相结合的手段,提出基于多元极值 Copula 函数模型的结冰飞行风险概率量化确定与预测方法,从结冰后飞行稳定域畸变的角度研究飞行风险当量表示方法:①研究结冰遭遇情形下的人-机-环建模仿真技术和空气动力学与飞行力学双向面紧耦合仿真技术;②基于实时分布式仿真系统开展蒙特·卡罗仿真试验,提取表征结冰遭遇条件下飞行风险发生的多维飞行参数极值样本,研究基于多元极值理论的飞行风险概率量化确定方法;③研究结冰后的飞行稳定域畸变原理和飞行风险当量确定方法;④在飞行风险预测的基础上,提出飞行安全操纵空间拓扑结构图,初步实现结冰风险的可视化和安全操纵引导规避技术。

各章内容安排如下:

第1章,绪论。分析本书的研究背景和意义,阐述研究结冰遭遇情形下飞行风险的必要性,分析研究风险量化评估理论与风险可视化构建方法的重要性。总结针对飞机结冰问题以及飞行风险分析内容的国内外研究现状,并对比分析国内外目前所开展的工作,进一步说明研究结冰遭遇情形下飞行风险的紧迫性。最后,梳理本书的研究思路和主要章节研究内容。

第2章,面向飞行安全的复杂动力学建模。①从人-机-环角度,分别构建飞机系统模型、驾驶员不同状态下的操纵模型、典型外部风场模型和故障模型;②在分析传统线性结冰影响模型的基础上,提出基于空气动力学和飞行力学双向面紧耦合的结冰影响模型,并对比冰风洞试验验证所提方法的可行性和模型的正确性;③在所构建模型的基础上,探索分布式实时仿真平台的构建方法;④结合带冰着陆案例和某典型事故复现,验证仿真系统的正确性和可信性,进一步研究结冰对飞机飞行品质的影响规律。

第3章,面向飞行安全的复杂系统仿真与评估系统。①研究服从一定概率分布条件下的蒙特·卡罗随机数生成方法,设计蒙特·卡罗仿真试验方法和流程;②结合案例分析飞行参数极值提取方法和飞行安全关键参数确定方法,并验证所提取的飞行参数极值的可信性;③依据背景飞机的飞行手册,结合结冰遭遇情形下飞行安全关键参数的变化趋势,提出飞行风险判定条件。

第 4 章,基于一维飞行参数极值的结冰风险量化模型与方法。①研究厚尾特性分布描述方法,分析了一维极值理论研究飞行风险量化的可行性;②构建基于极值理论的一维极值样本分布目标函数,通过未知参数辨识和拟合优度分析,确定飞行安全关键参数一维分布模型和飞行风险概率量化模型;③结合飞行风险判定条件,量化计算基于一维飞参极值的飞行风险概率,分析一维极值参数的局限性和开展多元极值参数飞行风险研究的优越性。

第 5 章,基于多元极值理论的结冰飞行风险量化确定方法。①总结风险研究领域应用较为广泛的多种多元分析方法,对比分析其适用性和优缺点;②研究多维 Copula 模型的基本性质和构造方法,辨识多种 Copula 模型目标函数,分析不同模型结构的参数厚尾分布特性描述精度;③依据风险判据计算基于多元极值参数的飞行风险概率;④详细分析结冰飞行事故中飞行安全关键参数的相依性和参数一致相关性,为指导驾驶员操纵和关键参数保护提供理论依据。

第 6 章,结冰遭遇情形下的飞机稳定域确定方法。①将经典控制理论中的稳定域概念引入飞行安全分析中,并阐明飞机稳定域的基本特性;②提出基于改进的蒙特·卡罗法的飞机非线性稳定域确定方法,并验证其正确性和合理性;③以飞行状态距离稳定域边界的当量值为基础,提出基于飞机稳定域概念的飞行风险量化方法,结合案例分析验证该方法的可信性和可行性,为结冰飞行多参数边界保护提供理论支撑和方法参考。

第 7 章,复杂状态下安全操纵空间构建方法。本章主要是通过预测结冰遭遇情形下的飞行风险,构建基于风险概率的三维飞行安全操纵空间,同时,利用所构建的风险拓扑图分析驾驶员不同操纵情况下的飞行风险动态发展趋势。之后,结合案例将飞行安全操纵空间的概念推广应用到飞机故障模式或其他多因素耦合作用下的安全操纵指示引导中,初步实现飞行风险可视化技术和基于风险预测的安全操纵指示引导技术。

本书的思路与方法不仅仅局限于结冰遭遇条件下飞行风险概率量化确定,同时能够对其他内外部多种因素耦合作用下飞行风险预测提供参考,比如:高风险任务科目试飞风险分析,飞机故障情况下的飞行风险评定,等等。此外,多元极值 Copula 风险量化模型能够分析多因素耦合作用下的动态飞行风险,是对现行安全性规范中静态飞行风险评估理论与方法的有效补充,对新机安全性设计、现役飞机安全性评估具有促进作用。本书所提出的飞行安全操纵空间的概念可为复杂状态下的风险指示与安全操纵引导提供参考。

第 2 章　面向飞行安全的复杂动力学建模

当前,国内外采用的飞机系统安全性设计大多是以基于 SAE ARP4761 和 SAE ARP4754 中规定的系统安全性设计方法为主,基于飞机安全性仿真设计方法为辅的思路。其中,飞机安全性仿真设计方法主要是从功能危险评估(FHA)、初级系统安全评估(PSSA)和系统安全评估(SSA)等层面开展的。这种基于 FHA 的系统安全性分析方法存在一定的局限性,仅能刻画部件故障和人为失误等静态条件下的飞行风险。而通过建模仿真分析多因素耦合情形下事故动态演化过程,能够有效描述多种因素耦合作用条件下的动态风险事件,这些事件往往具有致灾机理复杂、隐蔽性强、危害性大等特点。研究结冰遭遇情形下众多影响因素的随机性需要大量的试验样本数据,仅依靠冰风洞试验或空中试飞无疑将消耗大量的资源和时间,加之结冰试飞科目风险性较高,模拟试验所需条件苛刻,难以获取足够样本。采用建模仿真的数值模拟手段开展结冰致灾机理研究及结冰飞行风险概率量化研究是一种较有效可行的途径。本章先分析人-机-环仿真系统的复杂性特点,构建综合考虑可靠性、随机性、不确定性等因素的跨学科异构数学模型;而后重点研究结冰对飞机气动特性的影响,提出空气动力学与飞行力学的非线性双向面耦合计算方法,通过与风洞试验对比动力学响应特性,验证所构建的结冰影响模型的准确性和有效性;之后为满足耦合计算巨大的实际需求,构建基于反射内存网络的综合仿真平台,通过复现某典型事故过程,验证飞行实时仿真系统的可用性和正确性。

2.1　结冰条件下飞行仿真系统的复杂性

针对飞机系统故障,当前国内外飞机系统安全性设计详细规定了由硬件系统故障引起的飞行风险度量方法,提出了基于可靠性理论的功能危险分析、区域危险分析、可靠性指标计算等分析方法;针对驾驶员模型对飞行安全的影响研究,多数是从人机工效学角度,优化驾驶舱结构和功能设计以提升飞行员任务执行效率和舒适性;针对外部环境因素对飞行安全的影响,主要是通过适航性条款审查,验证飞机系统的符合性和安全性,如 CCAR 25 部附录 C,选取空气温度、云的液态水含量以及平均水滴有效直径共三个变量规定结冰条件并划分风险等级。当前的飞机系统安全性分析,将人-机-环系统中的各个部分割裂开来单独研究,该方法具有显著的局限性,主要体现在以下方面:

(1)基于确定性模型的可靠性分析法,仅能刻画部件故障和人为失误等静态条件下的飞行风险,无法描述飞机运动过程中的动态飞行风险。

(2)驾驶员操纵具有显著的随机性和个体操纵差异,而人机工效学无法描述飞机运动过程中驾驶员操纵行为特性;当前人机系统动力学仿真,往往是基于确定性驾驶员模型开展的,没有考虑不同情形下,尤其是特情遭遇时的驾驶员操纵行为的不确定性和随机性。

(3)外部环境因素对于飞行过程和飞行安全的影响具有显著的随机性、不确定性和动态特性,而当前适航性审查条款对于外部环境的影响分析仅限于部分静态参数;现行的安全性设计规范和指南中对于部件可靠性诱发的飞行风险提出了详细设计指标和要求,尚未针对外部环境作用下的飞行风险考核提出有效的度量方法。

(4)将人-机-环复杂系统降解为 3 个独立研究内容,无法描述多种因素耦合作用条件下的各个影响因素之间的匹配性,依据系统工程理论,单个子系统功能完备、安全性设计较高,但偶然的随机初始偏差,在经过复杂非线性系统的耦合协同放大后,可能导致重大灾难性事故。

基于人-机-环复杂系统理论分析多因素耦合作用下飞行事故致灾机理是一个崭新的课题,需要从系统工程角度出发,研究飞行事故动态演化机理和飞机安全性崩溃机理。基于以上因素,综合考虑飞机系统的非线性和复杂性、基于可靠性理论的故障模式分布、外部环境动态作用方式与驾驶员操纵的随机性和不确定性,构建了多学科融合的结冰遭遇条件下人-机-环复杂仿真系统,如图 2.1 所示。其复杂性主要表现在内外部影响因素众多且具有高度的随机性、耦合性和不确定性,可概括为以下 4 点。

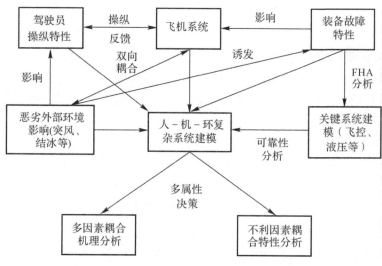

图 2.1 复杂状态人-机-环系统建模

(1)复杂的系统层级,系统规模庞大,层级结构较多,其复杂性主要体现在各个层级结构影响因素较多且交错相连。

(2)复杂的随机特性,主要是指人-机-环系统中各部分随机发生的不确定性,包括飞行员个体操纵差异、飞机故障、外部环境等影响中不可预见的随机因素。

(3)复杂的物理特性,主要是指驾驶员、飞机系统和外部环境因素等能够用解析法描述的部分特性,各个部分均包含强烈的非线性特征,如飞行员操纵延迟特性,飞控系统中的"死区特性""速度饱和特性",外部环境中的突风、风切变等。

(4)高度复杂的多因素耦合特性,人-机-环系统中各个部分相互作用、彼此制约,飞机内部涉及纵向和横航向耦合及其他非线性因素,外部环境与飞机运动的相互作用体现在空气动力学与飞行力学的非线性双向面紧耦合方面。

因此,本书所构建的结冰遭遇条件下人-机-环仿真系统,考虑了空气动力学与飞行力学跨学科异构模型耦合特性、基于可靠性理论的飞行故障分布模式、基于概率论的驾驶员操纵行为特征以及多属性决策等理论和方法,有效地将系统安全性和系统动力学相融合,属于多学科交叉问题。

2.2　飞机系统模型

2.2.1　基于四元数法的飞机本体模型

结冰条件下的飞行动力学仿真,往往涉及边界条件下的非线性计算,因此有必要构建飞机全量六自由度非线性动力学模型。本书采用欧美坐标系构建相关计算模型。坐标系的定义和转换方法请参阅相关文献。

飞机本体非线性动力学模型可表示为

$$\dot{\boldsymbol{x}} = f(\boldsymbol{x}, \boldsymbol{u}) \tag{2.1}$$

式中:$\boldsymbol{x}$ 为状态向量,包含飞行速度(加速度不变)、迎角、侧滑角、四元数、俯仰角速度、滚转角速度、偏航角速度和空间位置参数,即

$$\boldsymbol{x} = [V, \alpha, \beta, q_0, q_1, q_2, q_3, p, q, r, x_g, y_g, z_g]^{\mathrm{T}} \tag{2.2}$$

$\boldsymbol{u}$ 为控制向量,包括油门偏度指令、升降舵偏度指令、副翼偏度指令和方向舵偏度指令,即

$$\boldsymbol{u} = [\delta_{th}, \delta_e, \delta_a, \delta_r]^{\mathrm{T}} \tag{2.3}$$

运用四元数法构建飞机动力学模型,有

$$\left.\begin{aligned} f_1 &= (u\dot{u} + v\dot{v} + w\dot{w})/V \\ f_2 &= (u\dot{w} - w\dot{u})/(u^2 + w^2) \\ f_3 &= (\dot{v}V - v\dot{V})/V^2\cos\beta \end{aligned}\right\} \tag{2.4}$$

$$\begin{bmatrix} f_4 \\ f_5 \\ f_6 \\ f_7 \end{bmatrix} = -\frac{1}{2} \begin{bmatrix} 0 & p & q & r \\ -p & 0 & -r & q \\ -q & r & 0 & -p \\ -r & -q & p & 0 \end{bmatrix} \cdot \begin{bmatrix} q_0 \\ q_1 \\ q_2 \\ q_3 \end{bmatrix} \tag{2.5}$$

$$\left.\begin{aligned} f_8 &= (c_1 r + c_2 p)q + c_3\overline{L} + c_4\overline{N} \\ f_9 &= c_5 pr - c_6(p^2 - r^2) + c_7\overline{M} \\ f_{10} &= (c_8 p - c_2 r)q + c_4\overline{L} + c_9\overline{N} \end{aligned}\right\} \tag{2.6}$$

$$\begin{bmatrix} x_g \\ y_g \\ z_g \end{bmatrix} = \begin{bmatrix} q_0^2 + q_1^2 - q_2^2 - q_3^2 & 2(q_1 q_2 - q_0 q_3) & 2(q_1 q_3 + q_0 q_2) \\ 2(q_1 q_2 + q_0 q_3) & q_0^2 - q_1^2 + q_2^2 - q_3^2 & 2(q_2 q_3 - q_0 q_1) \\ 2(q_1 q_3 - q_0 q_2) & 2(q_2 q_3 + q_0 q_1) & q_0^2 - q_1^2 - q_2^2 + q_3^2 \end{bmatrix} \cdot \begin{bmatrix} u \\ v \\ w \end{bmatrix} \tag{2.7}$$

同时,有

$$\left.\begin{aligned} \dot{u} &= rv - qw + X/m \\ \dot{v} &= pw - ru + Y/m \\ \dot{w} &= qu - pv + Z/m \end{aligned}\right\} \tag{2.8}$$

式中：u,v,w 为速度（加速度不变）在机体坐标系上的分量；X,Y,Z 为飞机所受到的合力在机体坐标系上的分量；$\bar{L},\bar{M},\bar{N}$ 为机体坐标系中的力矩；c_i 为中间变量，可通过下式求解，即

$$
\left.
\begin{array}{l}
c_1 = ((I_{yy} - I_{zz})I_{zz} - I_{xz}I_{xz})/\lambda_I \\
c_2 = ((I_{xx} - I_{yy} + I_{zz})I_{zz})/\lambda_I \\
c_3 = I_{zz}/\lambda_I \\
c_4 = I_{xz}/\lambda_I \\
c_5 = (I_{zz} - I_{xx})/I_{yy}
\end{array}
\right\}
\left.
\begin{array}{l}
c_6 = I_{xz}/I_{yy} \\
c_7 = 1/I_{yy} \\
c_8 = (I_{xx}(I_{xx} - I_{yy}) + I_{xz}I_{xz})/\lambda_I \\
c_9 = I_{xx}/\lambda_I \\
\lambda_I = I_{xx}I_{zz} - I
\end{array}
\right\}I_{xz}
\tag{2.9}
$$

本书采用了四元数法求解运动方程，能够有效避免出现奇点，同时能够减少三角函数的计算，提高运行效率。四元数满足二次方和为 1，但其物理意义不够明确，可依据四元数计算出欧拉角，飞机姿态角 ϕ,θ,ψ 可通过式(2.10)～式(2.12)计算。在反求欧拉角的过程中，可能出现分母为零的情况，可以通过巧妙编程解决，不影响运动方程求解连续性，同时为减小迭代计算产生的累积误差，每步仿真均将四元数进行归一化处理。

$$
\phi = \arctan\left[\frac{2(q_0 q_1 + q_2 q_3)}{q_0^2 - q_1^2 - q_2^2 + q_3^2}\right]
\tag{2.10}
$$

$$
\theta = \arcsin[2(q_0 q_2 - q_1 q_3)]
\tag{2.11}
$$

$$
\psi = \arctan\left[\frac{2(q_0 q_3 + q_1 q_2)}{q_0^2 + q_1^2 - q_2^2 - q_3^2}\right]
\tag{2.12}
$$

背景飞机与 A320、波音 737 和 C919 为同一量级的典型大型客机，经过调研优化，确定了背景飞行的总体参数和局部几何参数。背景飞机的三视图如图 2.2 所示。

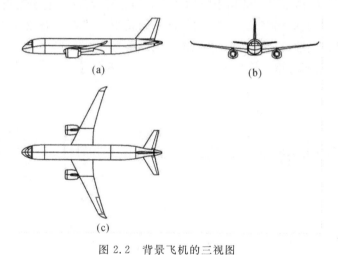

(a)　　　　(b)

(c)

图 2.2　背景飞机的三视图

2.2.2　电传操纵系统建模

电传操纵系统采用大规模集成电路等数字技术，将驾驶员操纵指令经过运算处理（即飞行控制律）以电信号的形式传递给电液舵机。电传操纵系统允许根据不同飞行阶段裁剪飞机操稳特性，从而改善飞机在不同飞行阶段的操稳品质，显著降低飞行员操纵负荷。一旦电传系统出现故障，就可能诱发灾难性事故。背景飞机纵向和横航向控制律采用典型民机控制增稳系

统结构,以纵向控制律为例构建数学模型,其原理如图2.3所示。

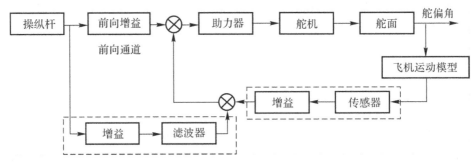

图 2.3　控制增稳系统原理图

在定常拉升中,增稳回路和阻尼回路会阻碍俯仰速度 q 和法向过载 n_z 的增加,降低杆力前向通道的增益,会降低飞机的操纵性。因此,为解决操纵性和稳定性的矛盾问题,在该系统中引入了并联于前向机械通道的前馈通道,将驾驶员输入的杆力以电信号的形式加到增稳回路中。由于杆力的电气信号与机械通道增益极性相同,故在驾驶员操纵飞机时,操纵指令得到增强,在获得良好的短周期阻尼和频率(由增稳反馈通道提供)的同时获得良好的操纵性。

当前,常用的民机纵向电传飞行控制律主要包括法向过载指令构型、迎角指令构型、俯仰角速度指令构型和航迹角指令构型。法向过载指令构型控制律适用于战斗机大机动飞行时的过载控制及高速飞行时的水平航迹控制任务,迎角指令构型通常作为低速保护和迎角限制的实现手段,俯仰角速度指令构型适用于精确的俯仰姿态跟踪任务,航迹角指令构型主要用于飞机低速飞行时精确的航迹跟踪任务。针对结冰遭遇情形下飞机姿态改变,驾驶员为保证飞机安全,要先对飞机姿态进行精确控制,以补偿因结冰引起的姿态偏离,故以执行精确俯仰姿态跟踪任务时的俯仰角速度指令构型为例,构建电传飞行操纵系统模型。其控制律结构如图2.4所示。

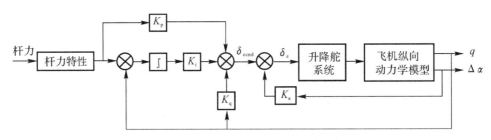

图 2.4　俯仰角速度指令构型控制律结构图

俯仰角速度指令构型主要可分为增稳环节和控制增稳环节。其中增稳环节由迎角与俯仰角速度反馈构成,俯仰角速度信号 q 反馈起到增加飞机短周期阻尼特性的作用;对于纵向静稳定性不足的飞机,需增加迎角 α 反馈内环回路进行静稳定性的补偿,以提高飞机的短周期振荡频率。图2.4中有4个可调增益 K_q,K_i,K_α,K_p,其中 K_p,K_i 构成前向通道的校正环节,K_α,K_q 可用于改善短周期频率和阻尼,K_p 还构成直接控制律的前向通道。俯仰角速度指令构型控制律建立了飞机的俯仰角速度响应与驾驶杆输入的对应关系,使得驾驶员的操纵输入可以直接控制飞机的俯仰姿态。当驾驶员操纵时,飞机的俯仰角速度响应与驾驶杆的操纵力(或位移）成正比，俯仰姿态角改变；驾驶员不操纵时，飞机俯仰角速度 q 近似地保持为零，俯仰姿态基本不变。俯仰角速度指令构型使飞机具有良好的俯仰指向特性，驾驶员只需简单地推（拉）杆即可对准目标，因此该构型控制律适用于精确的俯仰姿态跟踪任务。

横航向操纵系统和控制律的构建方法与纵向的相似，在此不再赘述。

2.3　结冰影响模型

2.3.1　传统线性结冰影响模型

Frank 等研究发现，对于结冰后的机翼，在低迎角区域，最大升力系数 $C_{L\max}$ 与升力系数变化量 ΔC_L 成负比例关系，如图 2.5 所示。

Bragg 基于经验估算，提出了具有广泛适用性的结冰影响参量模型。结冰前后的气动导数关系见下式：

$$C_{(A)\text{iced}} = (1 + \eta_{\text{ice}} k_{C_A}) C_{(A)} \tag{2.13}$$

式中：$C_{(A)}$ 为任一气动导数，$C_{(A)\text{iced}}$ 为相应的结冰后气动导数；k_{C_A} 为飞机结冰因子，对于特定飞机，其为定值，通常通过试验或飞行仿真计算获得；η_{ice} 为气象因子，用于表征飞机结冰严重程度，CCAR 25 部附录 C 中规定了结冰气象条件变量，η_{ice} 值越大，表明结冰对气动参数的影响越大，通常气象因子取值为 $0 \sim 0.3$，η_{ice} 的值可以通过下式计算：

$$\eta_{\text{ice}} = \frac{\Delta C_D (\text{NACA } 0012, c = 3', V = 175 \text{ kn/h}, \text{实际结冰条件})}{\Delta C_{D\text{ref}} (\text{NACA } 0012, c = 3', \text{连续最大结冰条件})} \tag{2.14}$$

式中：ΔC_D 和 $\Delta C_{D\text{ref}}$ 分别为 NACA 0012 翼型在实际结冰条件下和连续最大结冰条件下的阻力系数增量。

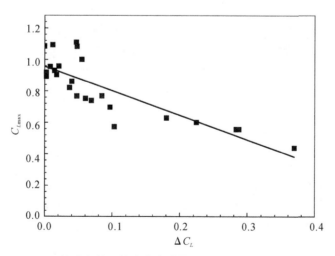

图 2.5　结冰条件下最大升力系数与升力系数变化量关系图

上述模型依据气象因子定义结冰严重程度，无法表征不同飞行状态、不同翼型尺寸条件下的结冰敏感性,但能够估算不同结冰严重程度对气动特性的影响趋势,相对而言是一种较为合理的结冰后气动参数计算方法。需要注意的是,该模型只适用于迎角较小、远离失速点的线性区域,无法表征大迎角区域结冰对气动特性的影响,而飞行事故的发展过程往往涉及边界飞行状态,因此若要进行高精度的结冰飞行动力学仿真试验,必须通过飞行试验或者 CFD 数值模拟获取含有边界信息的飞行数据。下一节将在"飞机结冰致灾与防护关键基础问题研究"项目组中开展结冰后复杂流动分析、高精度数值模拟与相应典型冰型风洞试验的基础上,探索结冰条件下空气动力学特性与飞行力学特性双向面紧耦合技术。

2.3.2　空气动力学与飞行力学双向耦合的结冰影响模型

飞机在结冰条件下飞行,其迎风面与大气中的过冷水滴碰撞,形成冰积聚现象,其结冰冰型与大气环境和飞行姿态有着密切关系。由于大气中的影响参数与飞行状态均具有较强的不确定性,所形成的积冰冰型与积冰严重程度多样,对飞机气动特性的影响也不尽相同;反之,结冰后的飞机气动特性的改变又影响了飞机响应特性与飞行姿态,反作用于冰积聚的过程。因此,结冰后的空气动力学特性与飞行力学特性是双向紧耦合的,有必要研究结冰条件下的空气动力学特性与飞行力学特性耦合特性。

在考虑冰型分布的高度随机性和不规则性的前提下,构建了典型结冰环境下的全翼展角状冰模型,并在此基础上构建了背景飞机机翼中度和重度结冰构型。本书针对背景飞机翼根、翼中、翼梢位置典型超临界翼型,考虑冰生成的形状随机性因素,根据可靠试验数据构造了典型流向冰、典型角状冰和流向-角状混合冰三种冰型,并建立了冰风洞试验模型。此处给出翼根翼型前缘带冰三维几何数模,如图 2.6~图 2.9 所示。

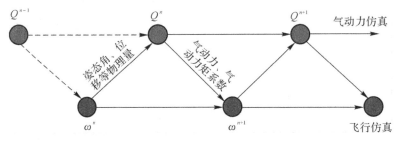

图 2.6　气动力仿真与飞行仿真耦合示意图

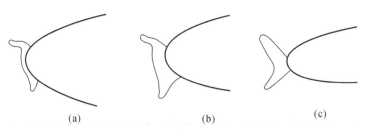

(a)　　　　　　　(b)　　　　　　　(c)

图 2.7　背景飞机机翼前缘典型冰型

(a)翼根;　(b)翼中;　(c)翼梢

图 2.8　重度结冰和中度结冰几何模型

(a)重度；　(b)中度

图 2.9　前缘带冰三维几何数模

(a)典型混合冰；　(b)典型角状冰

　　本书针对机翼前缘角状冰的不规则几何形状,在保证分离区域网格质量的前提下,确定了能够准确描述冰型几何特征的网格拓扑结构。本书基于多块面搭接网格思路,根据结冰位置特点对计算区域进行了合理分区,形成了适用于背景飞机机翼结角状冰后流动分析的基本网格拓扑形式。本书在该网格拓扑基础上对背景飞机带冰构型复杂外形生成了高质量网格,如图 2.10 所示。

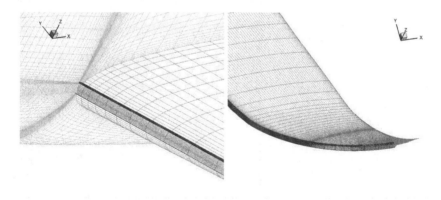

图 2.10　背景飞机机翼前缘带冰计算网格

　　在精确剖分网格的基础上,通过 CFD 数值模拟发现,在低速无舵偏的情况下,背景飞机机翼前缘结冰后,翼面分离始发位置、分离沿展向和弦向的发展变化过程都与干净无冰状态存在本质区别。对于干净无冰状态,在较大迎角下($\alpha=12°$)出现分离,且分离始发位置位于内翼,内外翼分离流动发展梯次较为明显,机翼具备良好的失速分离特性。而在重度结冰状态下,即使迎角较小($\alpha=4°$),内外翼分离也几乎同时出现,始发位置均位于机翼前缘,且外翼的展向分离特征极为明显。随着迎角增加,分离流动的发展并不存在明显的展向梯次,而是沿弦向向后迅速推进,并且在较大迎角下,附着流动区域也显示出了较为明显的展向流动趋势,在 $\alpha = 8°$ 时,翼面流动就几乎完全分离,失速分离特性相对干净无冰状态全面恶化。对于中度结冰情况而言,相同迎角下分离流动发展的趋势与重度结冰定性一致,但分离区域相对较小。失速分离特性较重度结冰没有定性差异。如图 2.11 所示。

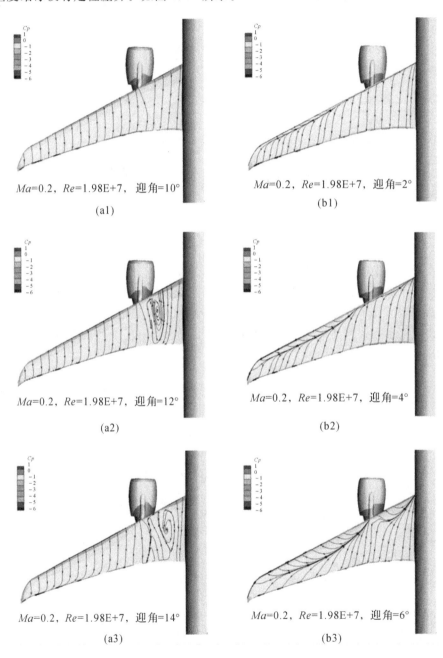

图 2.11　背景飞机翼面分离流动形态对比

(a)干净构型；　(b)重度结冰构型

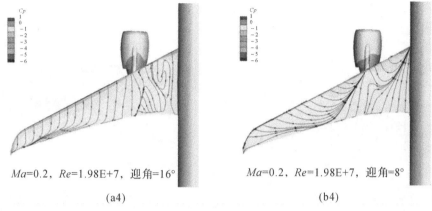

$Ma=0.2$，$Re=1.98\text{E}+7$，迎角$=16°$　　　　$Ma=0.2$，$Re=1.98\text{E}+7$，迎角$=8°$

(a4)　　　　　　　　　　　　　　　　(b4)

续图 2.11　背景飞机翼面分离流动形态对比

(a)干净构型；　(b)重度结冰构型

　　基于 CFD 数值模拟的机翼表面流场流动特性研究的准确性与网格剖分的精度和密度直接相关，精度、密度越高，计算的结果越准确，但拓扑结构的复杂性与计算工时直接相关，如何在满足一定精度的前提下快速、高效正确地生成三维数模，是探索机翼带冰构型下的空气动力学特性与飞行力学特性的前提。本书在研究了机翼不同状态下的流动特性的基础上，构建了一组不同时刻的二维冰型输入，如图 2.12 所示，而后依据展向流动特性所构建的数据库快速构建相应的机翼带冰三维数模，如图 2.13 所示。

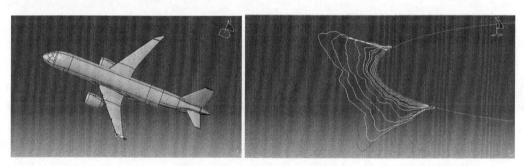

图 2.12　不同时刻二维冰型输入

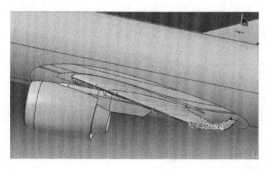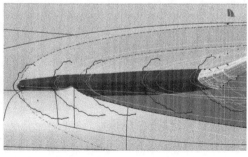

图 2.13　基于二维冰型的机翼带冰三维数模

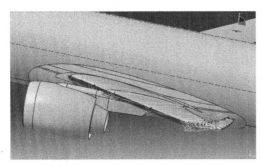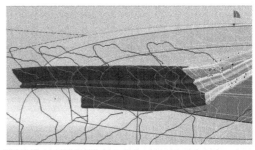

续图 2.13　基于二维冰型的机翼带冰三维数模

在考虑冰型不规则几何形状的前提下,构建了适合于背景飞机结冰构型气动特性-飞行力学特性在线耦合分析的多块结构化计算网格体系。针对每一时刻的机翼结冰三维数模,基于该网格拓扑能够较快建立适合非定常流动计算分析的全机结构化计算网格,如图 2.14 所示。

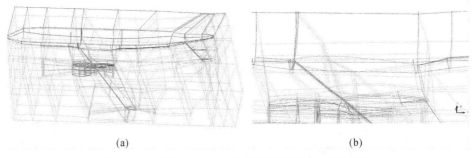

(a)　　　　　　　　　　　　　　　　(b)

图 2.14　机翼结冰构型三维结构化计算网格拓扑结构

本书开发了高精度非定常流场求解器,如图 2.15 所示,使程序能够和飞行力学计算分析模块集成在同一个系统平台上。针对每个时间序列,求解器能够实时输出每一时间步长的全机带冰非定常气动力/力矩,作为飞行力学计算分析模块的输入。飞行力学模块的输出结果作为下一时间步的流场求解输入,从而探索了空气动力学与飞行力学的非线性耦合仿真方法。当前,已初步实现了仿真程序的双向互动,仿真步长设置为 0.02 s。由于气动力求解运算量巨大,飞行力学仿真程序需等待气动力的求解才能进行下一步运算。同时,由于冰积聚的物理过程相较于 0.02 s 的动力学仿真步长而言较为缓慢,因此在下一步的研究中,将致力于提高气动力求解的运算速度(加速度不变)和异构模型数据双向传输的最佳时长。

2.3.3　结冰影响模型可信性验证

为验证所构建的紧耦合模型的可信性,尤其是气动力计算的准确性,本书选取了背景飞机机翼和尾翼同时结冰时不同迎角和侧滑角条件下的数值计算结果,与 29 基地相同背景下的冰风洞试验数据相对比。以 0°和 6°侧滑角为例,如图 2.16 和图 2.17 所示,分别对比了升力系数、升阻比、极曲线、俯仰力矩系数、偏航力矩系数以及滚转力矩系数等,气动力计算数据与冰风洞试验数据拟合度较高。验证了数值计算方法能够刻画结冰后全机气动特性,特别是失速特性的能力。在侧滑角影响下,本书分析了背景飞机机翼结冰构型失速分离流动及气动力发

展变化的特征,表明两侧机翼分离流动形态存在定性差异,加剧了结冰条件下横侧气动力的非
线性趋势。

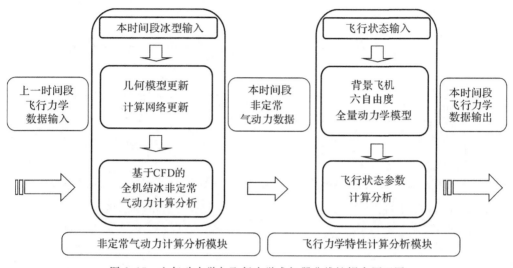

图 2.15　空气动力学与飞行力学求解器非线性耦合原理图

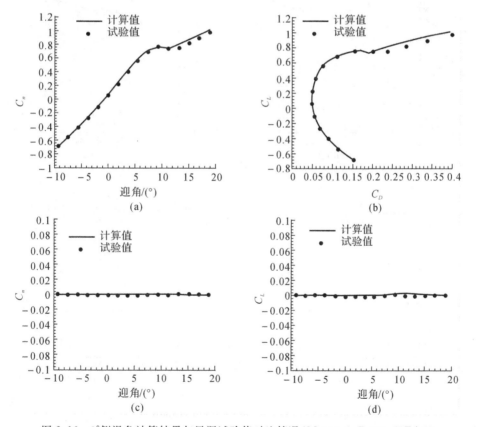

图 2.16　0°侧滑角计算结果与风洞试验值对比情况($Ma=0.1,Re=0.51\mathrm{E}+6$)

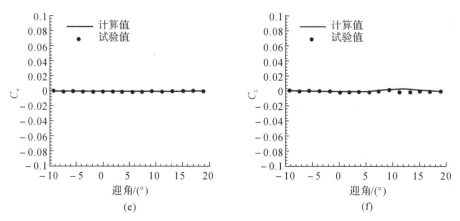

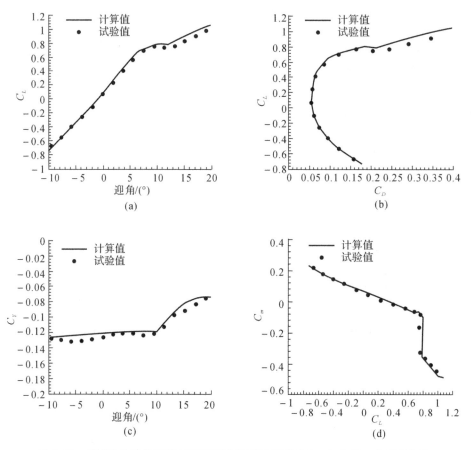

续图 2.16　0°侧滑角计算结果与风洞试验值对比情况($Ma=0.1,Re=0.51E+6$)

注:CAL 为计算值;EXP 为试验值。

图 2.17　6°侧滑角计算结果与风洞试验值对比情况($Ma=0.1,Re=0.51E+6$)

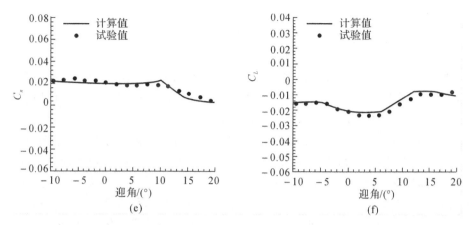

续图 2.17　6°侧滑角计算结果与风洞试验值对比情况（$Ma=0.1, Re=0.51\mathrm{E}+6$）

注：CAL 为计算值；EXP 为试验值。

2.4　驾驶员模型

驾驶员能否及时、合理操纵飞机对飞行安全至关重要。驾驶员操纵飞机的过程较为复杂，涉及观察仪表显示系统、感受飞机飞行状态和外部环境因素影响等，同时还与驾驶员的知识储备、经验积累、生理心理状态等有关，具有较强的随机性和不确定性，且由于人体神经系统和肌肉系统构造极其复杂，难以详细刻画构建数学模型。本书运用"黑盒"理论，在前人研究成果的基础上，构建飞行员外部行为特性模型。

2.4.1　正常状态下典型驾驶员模型

随着控制系统理论的不断发展，相关学者研究构建了多种典型的驾驶员模型：基于经典控制理论的驾驶员功能模型（Function Model），McRuer 等人提出了交叉频率模型；屈香菊等人在全面分析人体各系统内在联系的基础上，提出了结构化传递函数模型；基于现代控制理论的驾驶员算法模型，Kleinman 等人提出了驾驶员最优控制模型（Optimal Control Model）；龙升照、王涛等人提出了驾驶员模糊行为响应模型。随着智能控制理论的发展，陆续提出了驾驶员神经网络模型、鲁棒控制模型和预测控制模型等。

应用上述驾驶员模型，各国学者开展了大量研究工作。赵永辉、王立新等人运用 McRuer 模型研究了 PIO 特性和地面稳操特性；刘嘉等人运用最优驾驶员模型研究了飞行品质评价方法；赵振宇、屈香菊等人研究了变结构驾驶员模型在舰载飞机着舰过程中的操纵策略；朱策等人运用最优控制驾驶员模型探索了飞机进近着陆阶段飞行品质评价方法；管高智等人研究了副翼故障情况下的时变驾驶员模型构建方法；魏巍等人运用 Neal - Smith 模型研究了超低空空投下滑阶段的非线性 PIO 特性。

2.4.2　特情状态下的驾驶员操纵模型

特情状态是指由驾驶员误操纵、飞机系统故障或恶劣外部环境影响等不利因素作用下飞机飞行状态发生异常变化的情况,驾驶员感受飞机姿态异常急剧变化导致的加速度(加速度不变)信息,进而依据条件反射特性操纵飞机以改出危险姿态。

对于不同的飞行任务,驾驶员的操纵动作和策略不同。根据不同的飞行任务指令,操纵策略可分为补偿操纵、预先认知操纵、追踪操纵和预先显示操纵。其中,补偿操纵是人-机-环系统研究中常用的操纵策略,其应用背景为当有外界突发干扰时,驾驶员为恢复姿态进行的精准操纵,涉及与飞机操稳特性的匹配问题。飞机遭遇结冰影响飞行状态,属于特情状态的一种,驾驶员根据飞机反馈的响应情况进行修正,因此可以采用补偿操纵模型,如图 2.18 所示。

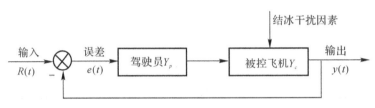

图 2.18　驾驶员补偿操纵模型

飞机遭遇结冰后,驾驶员能否及时、正确地操纵直接决定了飞机安全与否,因此,有必要构建适用于结冰遭遇条件下的驾驶员操纵模型。

结冰遭遇情形下的驾驶员操纵过程可以分为以下三个阶段:① 发现飞机结冰和飞行姿态改变,延迟时间 t_1;② 操纵驾驶杆至状态参数反向变化,操纵时间 t_2;③ 保持飞机姿态稳定,如图 2.19 所示。结冰条件下驾驶员输入输出模型可表示为下式:

$$U(s) = \begin{cases} 0, & t \leqslant t_1 \\ F(s) \cdot (R(s) - Y(s)), & t_1 < t \leqslant t_1 + t_2 \\ G(s) \cdot (R(s) - Y(s)), & t > t_1 + t_2 \end{cases} \tag{2.15}$$

式中:$F(s)$ 与 $G(s)$ 为不同的 McRuer 模型。下述将探讨 McRuer 模型参数取值的确定方法。

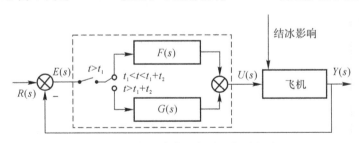

图 2.19　结冰条件下驾驶员操纵行为

2.4.3　模型参数分析

影响驾驶员操纵的内外部因素众多,从驾驶员操纵行为角度分析,可概括为反应外部环境干扰、有限信息处理能力、自适应能力、频率特性和反应延迟等。McRuer 提出的交叉频率模型较有效地体现了上述几点内容,该模型如下:

$$G(s) = \frac{K_{\mathrm{p}} \mathrm{e}^{-\tau s}(T_{\mathrm{L}} s + 1)}{(T_{\mathrm{I}} s + 1)} \Big[\frac{(T_k s + 1) \omega_n^2}{(T_{\mathrm{N}} s + 1)(T_{k1} s + 1)(s^2 + 2\xi_n \omega_n s + \omega_n^2)} \Big] \tag{2.16}$$

式中:K_{p} 描述的是驾驶员操纵增益,为 $0 \sim 100$;τ 描述的是驾驶员经外部刺激和神经传导后感知飞机姿态变化的延迟时间,为 $0.06 \sim 0.3$ s,中等技术水平的驾驶员约为 $(0.2 \pm 20\%)$ s,对多自由度操纵时 $\tau \geqslant 0.2$ s,甚至等于 0.6 s;T_{L} 描述的是驾驶员对飞机动态响应的预测能力,又称为驾驶员超前补偿时间常数,为 $0 \sim 1$ s;T_{I} 描述的是驾驶员承受负荷的程度,包括中枢信息的传递和处理等延迟时间,为 $0 \sim 1$ s;中括号内描述的是驾驶员手臂肌肉神经的动态特性,T_{N} 描述的是手臂的延迟反应时间,约为 $(0.1 \pm 20\%)$ s,通常 $T_{\mathrm{N}} = 0.1$ s,$\omega_n = 16.5$ rad/s,$\xi_n = 0.12$。工程应用中,常采用其近似形式,有

$$G(s) = \frac{K_{\mathrm{p}} \mathrm{e}^{-\tau s}(T_{\mathrm{L}} s + 1)}{(T_{\mathrm{I}} s + 1)(T_{\mathrm{N}} s + 1)} \tag{2.17}$$

不同驾驶员或者同一驾驶员在不同状态下的操纵行为均不一样,具有很大的随机性。因此有必要对真实驾驶员的操纵行为进行辨识,找出驾驶员操纵参数的分布规律,构建驾驶员操纵行为数据库。徐浩军等人对驾驶员操纵行为开展了大量试验研究,辨识了 McRuer 模型中的操纵行为参数,统计驾驶员执行补偿操纵任务的试验数据发现,K_{p} 服从对数正态分布,τ、T_{L}、T_{I} 和 T_{N} 服从截尾正态分布。K_{p} 和 τ 的分布规律分别如图 2.20 和图 2.21 所示。

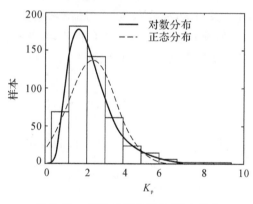

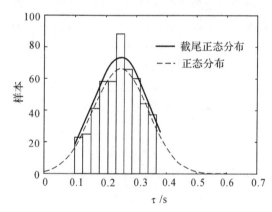

图 2.20　驾驶员操纵增益(K_{p})分布　　　图 2.21　驾驶员时间延迟(τ)分布

在获取表征驾驶员操纵行为特性参数的分布规律的基础上,可通过蒙特·卡罗方法生成伪随机数,通过公式变换即可得到满足一定分布规律的随机数,变换方法将在 3.1 节详细介绍。每产生一组随机数,即可视为一个驾驶员的操纵行为。通过该方法,能够获取大量试验样本,适合应用于研究具有随机性和不确定性的复杂系统。

2.4.4　试飞员操纵行为分析

试飞员是经过特殊训练,具有更高驾驶员技巧的飞行员,构建合理的试飞员模型对开展试飞安全评估工作具有重要意义。试飞员是试飞科目的具体执行者,其试飞操纵技术和素质在一定程度上决定了试飞试验的成败。相较于普通飞行员,试飞员具有更灵敏的异常状态探测

能力、更敏捷的反应速度、更加精准的操纵能力,同时在试飞过程中,往往承受更大的心理压力。其上述特点可以从驾驶员操纵行为特征参数中予以体现。葛培华从关闭故障自驾仪的滞后时间参数分析了普通飞行员与试飞员行为特征,见表2.1。同样,为获取试飞员操纵行为特征参数分布情况,可通过地面模拟试飞、空中试飞等方法构建试飞员操纵行为特征参数数据库。

表 2.1 普通飞行员与试飞员关闭自驾仪行为特征对比

操作人员	关闭自驾仪的最长时间/s	瞬间关闭自驾仪占比(2 s 内)/(%)	延时关闭自驾仪占比(40 s 以上)/(%)
普通飞行员	108	5.50	33
试飞员	58	33%	11

2.5 典型外部风场模型

飞机在结冰环境飞行过程中,可能遭遇外部风场的影响,构建典型外部风场模型,对研究结冰条件下的飞行风险具有重要的实际意义。大气中的风场其物理过程十分复杂,通常对其做出一些假设,包括均匀性和平稳性假设、各向同性假设、Gauss 分布假设和冻结场假设等。本书中的外部大气环境参数(大气温度、密度、压力)模型参照 MIL - F - 8785C 构建,在此不再赘述。本节介绍典型外部风场模型构建方法,相关仿真案例将在7.4节详细讨论。

2.5.1 离散突风模型

离散突风有时又称为阵风,MIL - F - 8785C 中推荐在飞行品质评估、飞行控制律设计等阶段使用半波长形式的离散突风模型,见下式:

$$\left. \begin{array}{ll} V_W = 0, & x < 0 \\ V_W = \dfrac{V_{W_m}}{2}\left(1 - \cos\dfrac{\pi x}{d_m}\right), & 0 \leqslant x \leqslant d_m \\ V_W = V_{W_m}, & x > d_m \end{array} \right\} \tag{2.18}$$

式中:d_m 表示突风尺度;V_{W_m} 表示突风强度,同时这两个参数也决定突风梯度,见下式:

$$\frac{\partial V_W}{\partial x} = \frac{\pi}{2}\frac{V_{W_m}}{d_m}\sin\frac{\pi x}{d_m} \tag{2.19}$$

实际使用中,合理组合多个半波长离散突风模型可构建新的突风形式。

2.5.2 大气紊流模型

大气紊流是指在风场"均值"上叠加的连续随机偏离量,在三维空间和时间尺度上具有显著随机性。MIL - F - 8785C 中推荐使用 Dryden 模型和 Von Kaman 模型,由于 Dryden 模型为有理式，形式简单，便于因式分解，本书选用 Dryden 模型，见下式：

$$\Phi_u(\omega) = \frac{2\sigma_u^2 L_u}{v_0 \pi} \frac{1}{1 + (L_u/v_0)^2 \omega^2} \tag{2.20}$$

$$\Phi_v(\omega) = \frac{\sigma_v^2 L_v}{\pi v_0} \frac{1 + 3(L_v/v_0)^2 \omega^2}{[1 + (L_v/v_0)^2 \omega^2]^2} \tag{2.21}$$

$$\Phi_w(\omega) = \frac{\sigma_w^2 L_w}{\pi v_0} \frac{1 + 3(L_w/v_0)^2 \omega^2}{[1 + (L_w/v_0)^2 \omega^2]^2} \tag{2.22}$$

$$\Phi_p(\omega) = \frac{\sigma_w^2}{v_0 L_w} \frac{0.8(\pi L_w/4b)^{1/3}}{1 + (4b\omega/\pi v_0)^2} \tag{2.23}$$

$$\Phi_r(\omega) = \frac{\mp (\omega/v_0)^2}{1 + (3b\omega/\pi v_0)^2} \Phi_v(\omega) \tag{2.24}$$

$$\Phi_q(\omega) = \frac{\pm (\omega/v_0)^2}{1 + (4b\omega/\pi v_0)^2} \Phi_w(\omega) \tag{2.25}$$

式(2.20)～式(2.22)为紊流速度（加速度不变）频谱密度函数，式(2.23)～式(2.25)为紊流角速度（加速度不变）频谱密度函数；v_0 为飞机速度（加速度不变），L_u，L_v，L_w 为紊流尺度，σ_u，σ_v，σ_w 为风速的均方值，具体取值范围可参见相关文献。该模型是有色噪声，为了方便开展仿真建模，常常采用成型滤波器法产生有色噪声功率谱密度，利用白噪声作为输入，能够获取具有随机性和各态历经性的紊流风场数据。滤波器的传递函数 $G(s)$ 可表示为

$$G_u(s) = \sigma_u \left(\frac{2L_u}{V_0 \pi}\right)^{1/2} \frac{1}{1 + \frac{L_u}{v_0}s} \tag{2.26}$$

$$G_v(s) = \sigma_v \left(\frac{L_v}{v_0 \pi}\right)^{1/2} \frac{1 + \frac{\sqrt{3}L_v}{v_0}s}{\left(1 + \frac{L_u}{v_0}s\right)^2} \tag{2.27}$$

$$G_w(s) = \sigma_w \left(\frac{L_w}{v_0 \pi}\right)^{1/2} \frac{1 + \frac{\sqrt{3}L_w}{v_0}s}{\left(1 + \frac{L_w}{v_0}s\right)^2} \tag{2.28}$$

$$G_p(s) = \sigma_w \left(\frac{0.8}{v_0}\right)^{1/2} \frac{\left(\frac{\pi}{4b}\right)^{1/6}}{L_w^{1/3}\left(1 + \frac{4b}{\pi v_0}s\right)} \tag{2.29}$$

$$G_q(s) = \frac{\pm \frac{s}{v_0}}{\left(1 + \frac{4b}{\pi v_0}s\right)} G_w(s) \tag{2.30}$$

$$G_r(s) = \frac{\mp \frac{s}{v_0}}{\left(1 + \frac{3b}{\pi v_0}s\right)} G_v(s) \tag{2.31}$$

2.6　典型飞机故障模型

飞机故障模式多样,通过 FHA 和 FMEA 分析,选取对飞行安全制约最为严重的装备故障模式构建模型。典型故障模式对飞机动态特性的影响可以归纳为以下三点:①影响飞机直接产生力和力矩,主要包括发动机故障导致单发失效、舵面卡死或断裂等,在建模过程中需要将该故障导致的力和力矩加载到飞行动力学模型中;②影响驾驶员操纵,主要包括电传操纵系统部件故障,如传感器和滤波器失效等;③影响空间定位等信息,包括导航设备故障引起飞行器偏离既定航线等。下面选取前两种对飞机姿态影响较为严重的故障模式分别构建典型故障模型。

2.6.1　单发失效典型故障模型

背景飞机为双发构型,以左发失效为例做出以下简化假设:

(1)忽略侧滑引起的发动机进气流量损失;

(2)发动机推力损失近似为

$$\Delta T(t)=\begin{cases}\dfrac{T}{t_1}t, & t\leqslant t_1\\[2mm] T, & t>t_1\end{cases} \tag{2.32}$$

(3)设定单发失效前飞机处于无侧滑直线飞行。

基于以上假设条件,构建单侧发动机失效影响模型,增加到运动方程中。单发失效后附加的横航向力矩系数可表示为

$$C_{lT}(t),C_{nT}(t)M=\begin{cases}\dfrac{C_{lT}}{t_1}t,\dfrac{C_{nT}}{t_1}t, & t\leqslant t_1\\[2mm] C_{lT},C_{nT}, & t>t_1\end{cases} \tag{2.33}$$

式中:

$$\left.\begin{aligned} C_{lT}&=\frac{\bar{L}_T+\dfrac{I_{xz}}{I_z}N_T}{I_x\left(1-\dfrac{I_{xz}^2}{I_xI_z}\right)}\\[3mm] C_{nT}&=\frac{N+\dfrac{I_{xz}}{I_z}\bar{L}_T}{I_z\left(1-\dfrac{I_{xz}^2}{I_xI_z}\right)}\\[3mm] \bar{L}&=-Tz_T\sin(\alpha+\varphi_T)\\ N&=-Tz_T\cos(\alpha+\varphi_T) \end{aligned}\right\} \tag{2.34}$$

式中:$\bar{L}_T$ 和 N_T 分别为附加的滚转力矩和偏航力矩;C_{lT} 和 C_{nT} 分别为附加的滚转力矩系数和偏航力矩系数;T 为单发推力;z_T 为发动机中心线与飞机对称面 y 向距离,左发失效为正;φ_T 为发动机轴线与机体轴的夹角;I_x,I_z 分别为飞机对 Ox,Oz 轴的转动惯量;I_{xz} 为飞机对 Ox 与

Oz 轴的惯性积。将单侧发动机失效模型带入飞机运动方程中，即可进行单发失效故障条件下的动力学仿真。

2.6.2　电传操纵系统典型故障模型

参考故障模式及影响分析方法的基本思路，通过分析故障模式，构建典型故障数学模型。电传操纵系统的故障一般发生在传感器和执行器两部位，分别以传感器和执行器的故障模式（卡死、恒增益变化、恒偏差失效等）构建模型。

假设 y_{iin} 和 y_{iout} 分别为第 i 个传感器（或执行器）的输入和输出，其故障模式和故障模型如下：

（1）卡死故障为

$$y_{iout}(t) = a_i \tag{2.35}$$

式中：a_i 为常数，$i = 1, 2, \cdots, m$。

（2）恒增益变化故障为

$$y_{iout}(t) = \beta_i y_{iin}(t) \tag{2.36}$$

式中：β_i 为恒增益变化系数，$i = 1, 2, \cdots, m$。

（3）恒偏差失效故障为

$$y_{iout}(t) = y_{iin}(t) + \Delta_i \tag{2.37}$$

式中：Δ_i 为常数，$i = 1, 2, \cdots, m$。

2.6.3　液压系统典型故障模型

假设 y_{iin} 和 y_{iout} 分别为第 i 个液压泵的输入和输出，其故障模式和故障模型如下：

（1）液压泵源卡死故障为

$$y_{iout}(t) = a_i \tag{2.38}$$

式中：a_i 为常数，$i = 1, 2, \cdots, m$，表示第 i 个液压泵卡死的恒定位置，用于模拟舵面卡滞故障。

（2）液压油路阻塞故障：液压油路进入异物易形成油路阻塞，造成舵机输出故障，则有

$$y_{iout}(t) = \beta_i y_{iin}(t) \tag{2.39}$$

式中：β_i 为油路阻塞系数，$i = 1, 2, \cdots, m$，用于模拟卡阻故障。

该部分仿真案例在 7.4 节详细讨论。

2.7　分布式实时飞行仿真系统

人-机-环复杂系统实时飞行仿真以数字化飞行器的运动情况为研究对象，结合故障模式、外部环境、飞行控制律、综合可视化显示技术等，是一种面向对象的复杂系统仿真。随着仿真逼真程度的增加，飞行仿真系统中含有大量的数学模型，单台计算机无法胜任高强度实时并行计算和显示的要求。同时，2.2 节所提出的空气动力学与飞行力学耦合计算过程中，涉及背景飞机网格的剖分、气动力计算和飞行动力学计算等，这对仿真系统的运行速度（加速度不变）提

出了非常高的要求。为解决这一矛盾,通过降解大型仿真系统为若干分系统,然后将分系统布置在不同节点,多机实时交互、运行仿真。运用网络技术将大量计算机连接起来,可以获得强大的解算能力及便捷的数据共享。分布式飞行仿真系统由多个节点组成,各节点间需要大量数据传输。基于反射内存(Reflective Memory,RFM)的通信网络,能够很好地解决实时性问题。本节基于反射内存网络构建具备拓展能力的飞行实时仿真模拟系统。

2.7.1　分布式飞行仿真系统架构

根据仿真模型类型及其实现方式的不同,仿真系统包括人在回路仿真、全数字式仿真和半实物式仿真。本书所构建的实时仿真系统能够进行人在回路仿真和驾驶员模型全数字仿真。飞行器等被控对象的动态特性通过建立数学模型,在"天脉"实时仿真机上运行。而人在回路仿真则通过人感操纵系统驱动数字化模型实现,这对系统运行的可靠性、实时性提出了很高的要求。

分布式飞行仿真各节点含有复杂的迭代计算,各计算节点间需要大量时间同步的数据交互。为满足上述要求,需要建立具有数据传输稳定、传输效率高、纠错能力强、延迟可预测、良好兼容性等特点的通信网络。根据分布式飞行仿真系统的实际需求,将系统的各个任务分配到节点仿真计算机,系统结构如图 2.22 所示。

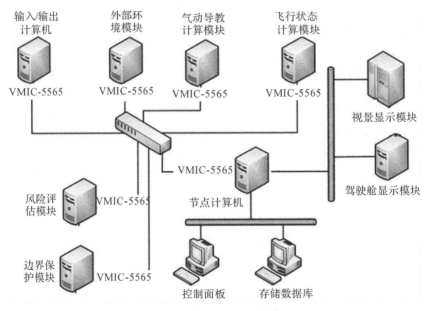

图 2.22　分布式实时飞行仿真结构示意图

系统主要由模型解算、可视化显示、控制台与存储计算机组成。为满足复杂仿真系统的强实时性仿真需求,将复杂仿真模型分配在输入/输出(I/O)、外部环境、气动导数、飞行解算、风险评估、边界保护和节点计算机。7 台计算机通过多模光纤 Hub 互联,构成星形拓扑的反射内存网络。I/O 计算机主要用于驾驶员操纵的输入以及驾驶杆力等的输出。外部环境计算机用于结冰、突风、紊流、风切变等模型解算。气动导数计算机主要依据 2.2 节求解结冰后的气动力。飞行解算计算机风险评估计算机通过飞行解算数据进行实时在线的风险预测。边界保护计算机进行在线边界告警。节点计算机控制台由一台计算机负责,用于规划监控整个系统的运行,存储计算机用于存储飞行数据。可视化显示部分包括一台大型视景工作站和一台座舱内显示计算机,分别负责驾驶员视角外部环境显示和驾驶舱内电子仪表的显示。控制台、存储计算机以及可视化显示系统不需要模型解算与强实时数据共享,通过以太网与节点计算机连接。

2.7.2　飞行仿真实时通信网络构建

实时通信网络系统是指在规定时间内相互交联的计算机能够执行计算等处理协同异步事件的系统,完成规定任务的时间是评价该系统优劣的决定性因素。当前分布式实时系统多指硬实时系统,即每个任务均需要在规定的截止时间完成相应任务。实时网络必须具备实时操作系统,通信的确定性与可预测性。若某节点数据传输超过时限,即便对应节点接收到相关数据,系统也将认为该次数据传输无效。

反射内存技术是通过局域网在互联的计算机间提供高效数据传输的技术。每个反射内存卡都有固定、唯一的物理内存地址,可以插在多种总线的主板上,如 VME,PCI 等。现在常用的反射内存卡为 VMIC - 5565。该技术的基本原理类似于分布式的共享内存,每个计算机节点配置一块反射内存卡,构成高速复制内存的环状网络,如图 2.23 所示。卡上预留有双口内存,各层软件均可读、写这些内存。网络中每台计算机在向本地反射内存写入数据的同时,对应的数据和存储地址通过网络广播到其他节点的反射内存卡中的相应位置,没有总线冲突和协议耗时,网络中的每台计算机均可以在几微秒甚至纳秒级别内读取新数据。由于反射内存的数据更新仅依赖于硬件操作,仿真系统的网络延迟仅取决于网络节点个数和占用带宽比例,网络延迟的大幅缩小保证了系统实时性要求。

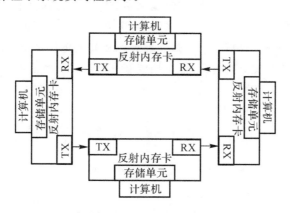

图 2.23　反射内存网环状结构

目前反射内存网的拓扑结构主要包括环形和星形(及其变异结构)两种。环形结构不需要光纤 Hub,节省了光纤使用量和设备,但网络中每个节点会有一定的延迟,且串联结构中若一个节点故障将致使整个网络瘫痪,不便于网络重组;星形结构中,每个节点都通过两个分别用于发送和接收的点到点链路,与 Hub 上的自动光纤旁路板相连,避免了单点失效引起的网络失效,实现了故障隔离,延迟较小,但光纤使用量较大,Hub 故障问题不容忽视。所构建的实时仿真系统采用了基于星形物理拓扑的逻辑内环反射内存网结构,其中心节点为一个光纤旁路 Hub,如图 2.24 所示。

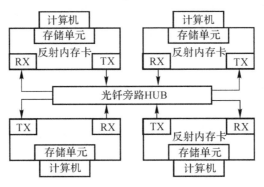

图 2.24　反射内存网星状结构

2.7.3　飞行仿真系统工作方式

实时飞行模拟系统上所配置的软件系统较为庞杂,既有状态量解算等实时性要求较强的软件,也包括教员控制、工程师管理等对实时性要求不高的软件,因此在设计网络通信架构时,应根据需求综合设计,建立合理的通信架构,满足快速、灵活的要求。

根据系统需求,强实时性要求的计算机主要包括输入/输出模型、外部环境因素影响计算、气动力计算、飞行状态量解算、在线风险评估与安全边界实时解算等计算机,因此飞行仿真系统中进行与此相关的解算计算机划归为实时环内,进程控制的节点计算机也编入实时环内。编写嵌入式程序,将程序加载到"天脉"实时操纵系统的节点计算机上。座舱内的平显、视景显示系统虽具有一定的实时性要求,但显示系统允许 10 ms 级的时间延迟,属于非强实时性,可通过千兆子网络连接;教员控制台、工程师管理等涉及人机交互界面的计算机允许的时间延迟较大,可在 Windows 操纵系统下运行,普通局域网进行数据交换即可满足需求。

反射内存网内各解算模块必须同步进行,复杂实时仿真系统网络由系统给流程控制计算机发送节拍指令,其同步机制如下:

(1)教员控制计算节点打出仿真指令至流程控制节点计算机,并在 VMIC 内改写预留标志。

(2)节点计算机通过阅读 VMIC 内的标志判定是否开始本模块解算,解算完毕后向 VMIC 保留地址标志位写入相应信号。

(3)流程控制节点计算机综合各环内计算节点的解算情况,并与系统设定的任务时钟周期比较,若各节点在规定周期内完成解算任务,则等待下一个规定触发时刻,进行下一次解算。

(4)若计算节点未在规定周期内完成解算,进程控制节点计算机则等待全部解算任务完成后,再等待进入下一次解算,并与时钟周期对比,顺延所有仿真解算任务,同时在管理软件中显示导致延迟的计算节点,便于统一管理与后期改进维护。实时同步时间序列的设计方案如图 2.25 所示。

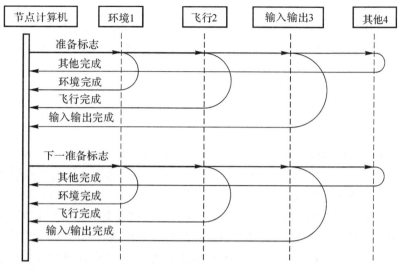

图 2.25　实时同步时间序列

　　传统主控计算机主要完成飞行解算和流程控制等功能,但工程调试经验表明,两个强实时性解算模块耦合在一起,不便于工程管理、软件开发和后期维护改造等。背景飞机飞行模拟系统采用分布式节点布置,构建实时网络数据分发架构,最大限度发挥不同功能节点的功效,提高仿真系统的通用性、灵活性。飞行状态量解算、气动力计算等计算机集中资源进行强实时性飞行解算;教员控制台等流程控制模块集中资源进行飞行仿真评估分析和数据分发配置等。各计算机分工明确,数据流向清晰可查,便于仿真系统调试和维护,仿真数据流向如图 2.26所示。

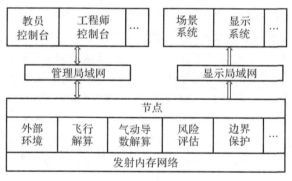

图 2.26　仿真数据流向

2.8　结冰实时仿真系统可信性验证

　　上文分别构建了飞机模型、结冰影响模型、驾驶员模型和典型外部风场模型,并采用分布式仿真思想,结合反射内存网络技术构建了飞行实时仿真系统。2.2.3 节对比分析了数值模拟计算和冰风洞试验数据,验证了结冰影响模型的正确性和可行性,但诸多仿真模型耦合情形下的匹配特性有待进一步研究。本节首先分析开展地面模拟试验验证的必要性,其次对比分析正常着陆和带冰着陆案例中的轨迹变化和姿态变化情况,并通过复现某典型事故过程,验证实仿系统开展结冰仿真试验的可行性和可信性,最后分析不同结冰严重程度对飞机飞行品质的影响规律和变化趋势。

2.8.1 开展地面模拟验证试验的必要性

开展地面模拟验证试验主要是为了评价所构建模型的逼真度和多个影响因素模拟耦合情形下的匹配性。2.3.3 节通过冰风洞试验数据验证了所构建的结冰模型的可信性,2.4.3 节提取了驾驶员操纵行为模型参数的统计学分布特性。因此,需要开展地面仿真试验,验证多个仿真模型的耦合匹配特性和实时仿真系统各节点间反射内存数据交互的稳定性。系统模型的逼真度及模型耦合情况下的逼真度,必须通过地面模拟试验检测,在此基础上与冰风洞试验或空中试飞对比,完成模型的调整和修改工作,修模工作往往占试验系统构建周期的 50% 以上。在完成了仿真模拟系统模型修正的基础上,能够开展具有可信性的地面模拟试验,分析结冰对飞机飞行动力学特性和飞行品质的影响。

飞机结冰试飞是《军用固定翼飞机和旋翼机科研试飞风险科目》(GJB 626A—2006)中规定的科研试飞风险科目之一,通过大量的带模拟冰型或自然结冰环境下试飞,其风险等级较高,目前往往只在型号适航性认证过程中开展部分条件下的空中试飞。此外,开展自然结冰条件下的空中试飞对结冰环境的要求非常苛刻,ARJ21 飞机在自然结冰适航审定试飞阶段多次奔赴乌鲁木齐追逐规定的结冰气象条件而不可得,不得不前往加拿大开展结冰试飞审定。然而,在飞行员培训、飞机结冰后动力学特性研究等过程中,不可能开展大量的高风险空中试飞。因此,采用地面模拟试验开展结冰条件下试飞和培训等工作是最为有效可行的手段。

同时,如 1.1.1 节所述,FAA 已经以法律的形式明确要求所有在 FAA 注册的飞行员必须接受基于地面模拟的复杂状态下改出训练,而结冰条件下的识别、改出是复杂状态下改出训练中不可或缺的部分。因此,开展结冰条件下的地面验证试验刻不容缓,迫在眉睫。

从学术角度分析,我国现行的飞行品质评价标准《有人驾驶飞机(固定翼)飞行品质》(GJB 185—1986)主要是在单轴、开环条件下制定的,而美军现行的 MIL - HDBK - 1797B 则已经将闭环飞行品质评定列为主要审查对象。对多轴耦合情况下的闭环飞行品质评价则只能选择空中试飞或地面模拟试验。无论是从飞行风险角度,抑或是资金、时间、效率等角度,开展地面验证试验评定多轴耦合情况下的闭环飞行品质,进而研究飞行安全问题,是最为有效的方法。

2.8.2 结冰地面验证试验

【案例1】正常状态下着陆

着陆是民用飞机试飞科目中难度较大且驾驶员参与最多的任务,且国内规定着陆过程不能采用自动控制的着陆方式,因此选择着陆科目验证本书设计的人-机-环飞行仿真系统的可行性。先给出正常飞行场景下,驾驶员操纵飞机着陆的仿真模拟过程。

飞行场景设计:着陆起始高度区间 300～400 m;速度(加速度不变)区间 80～90 m/s;襟翼开度设置最大;下滑角 3°左右;驾驶员在高度 15 m 左右对飞机进行拉杆操纵,使其航迹角快速接近 0°,随后进行减速飘落;仿真结束于飞机后轮接地。

　　图 2.27 和图 2.28 所示为正常情况下飞机的着陆过程轨迹及着陆状态曲线。其中,图 2.27 所示为飞机的着陆轨迹及实时姿态显示图;图 2.28 所示为着陆过程末期中部分飞行状态曲线。综合考虑图 2.27 和图 2.28 可知,133 s 前飞机以 3°下滑角、80 m/s 速度(加速度不变)定常下滑。134 s 左右驾驶员开始进行拉杆飘落过程,此后驾驶员通过收油门操纵使飞行速度(加速度不变)减小。134～138 s 期间飞行高度稳定在 3 m 左右,目的是减小飞机的接地速度(加速度不变)。138 s 后,速度(加速度不变)减小,导致升力不足以维持此时的高度,飞机开始缓慢下沉,约 3 s 后以 1 m/s 的下沉速度(加速度不变)完成接地过程,仿真结束。通过上述仿真可知,利用本书设计的飞行仿真系统初步实现了着陆科目模拟,且过程参数[速度(加速度不变)、下滑角、下沉速度(加速度不变)等]满足真实情况和飞行标准要求。因此,可以说明本书建立的动力学模型是正确的,设计的人-机-环飞行仿真系统是可行的。

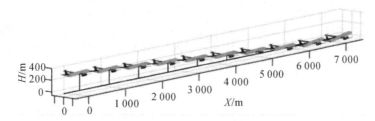

图 2.27　正常情况下着陆轨迹及实时姿态显示

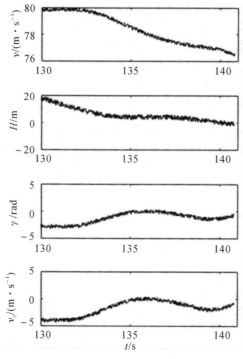

图 2.28　正常情况下着陆状态曲线

【案例 2】带冰状态下着陆

为进一步说明本书设计的飞行仿真系统在研究机翼结冰情况的有效性,做如下飞行模拟。

飞行场景设计:仿真过程和基本参数[速度(加速度不变)、航迹角等]的设计与【案例1】中相同。本模拟附加机翼动态结冰条件,即从仿真开始到结束,机翼由干净构型逐步发展到严重结冰情况,仿真结束于发生飞行事故,具体模拟情况如下。

图2.29和图2.30所示为机翼遭遇严重结冰情况下飞机的着陆过程轨迹及飞行状态曲线。其中,图2.29所示为机翼严重结冰飞机的着陆轨迹及实时姿态显示图,图2.30所示为着陆过程末期部分飞行状态曲线。综合考虑图2.29和图2.30可知,70 s前飞机以3°下滑角、85 m/s速度(加速度不变)定常下滑。70 s后飞行速度(加速度不变)缓慢减小、下滑角逐渐增加,最终由于飞机失速导致飞行事故:由于此模拟考虑动态结冰过程,70 s前虽然机翼已经结冰但程度较轻,驾驶员可以通过调整油门杆的方式实现稳定下滑。但70 s后结冰程度加剧,导致飞机升力下降,此时飞机迎角增加并抬头以提高升力并维持3°左右下滑角。随后结冰程度达到严重程度,且由于飞机长时间处于结冰条件下,飞机迎角增加过大且逐渐超过失速迎角(根据图2.29机头与轨迹切线夹角过大可知),飞机失速导致失控,最后发生飞行事故。通过上述仿真可知,利用本书的飞行仿真系统可进行结冰飞机着陆过程模拟,其过程和相关参数符合机翼结冰对飞机性能的影响规律。因此,说明本书设计的人-机-环飞行仿真系统可用于后续对结冰问题的研究,且得到的结论具有一定的参考意义。

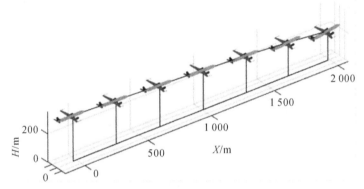

图2.29 机翼严重结冰情况下着陆轨迹及实时姿态显示

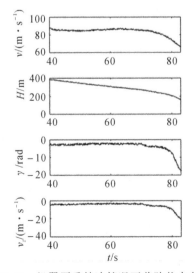

图2.30 机翼严重结冰情况下着陆状态曲线

【案例 3】某典型事故复现

为进一步说明本书飞行仿真系统的有效性,以某典型事故为例进行仿真模拟,其中,速度(加速度不变)、高度等关键参数数值已做脱密化处理,不具有实际意义,但其飞行趋势具有研究意义。

飞行场景设计如下:考虑副翼二次结冰引起的"副翼夺权"情况的飞行仿真模拟。副翼夺权是指,除冰系统工作状态下,机翼前缘积冰融化并流动至机翼中后部重新结冰,形成冰脊,导致副翼上表面流场紊乱,出现副翼不受驾驶员控制的异常偏转或操纵力矩异常增大的现象。

图 2.31 所示为飞行轨迹对比及实时姿态显示图。其中,黑色实线是本书仿真模拟结果,黑色虚线是实际飞参数据处理后的结果。通过对比可知,两者的趋势相同,主要差异在于模拟飞行情况下的轨迹失稳时刻比真实情况延后,主要原因是真实飞行情况下,飞机所处环境更复杂、耦合程度更大,而仿真模拟情况下,难以考虑所有内外部微小影响因素,所以事故发生延后。图 2.32 所示为副翼二次结冰情况下的飞行状态。结合图 2.31 可知,此时飞机副翼二次结冰导致飞机产生右倾斜且倾斜角度逐渐增加。结合当时事故相关描述及本书仿真结果可知,本书模拟该起事故的运动趋势、飞行姿态趋势与事故过程中飞机的运动趋势相同。因此,能够说明所构建的仿真系统是正确、有效的。

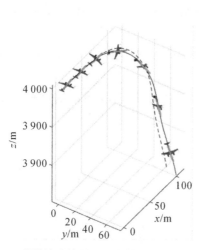

图 2.31　副翼结冰情况下飞行轨迹对比及姿态显示

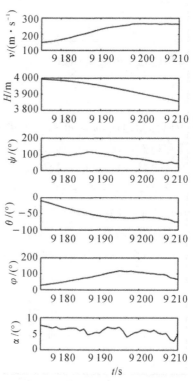

图 2.32　飞行状态曲线

2.8.3　结冰对飞行品质的影响趋势

背景飞机是现代先进电传操纵飞机,具有复杂的飞行控制系统,通过控制律裁剪和合理设计极大地提高了不同飞行阶段飞机稳定性和操稳特性,使得全包线范围内均能获得良好的飞行品质,有效减轻了驾驶员工作负担。而飞机机翼等部位结冰,改变了周围绕流场特性,导致飞机气动特性偏离设计点,改变了飞机动力学响应特性。对于驾驶员而言,最直观的影响是飞机飞行品质的变化情况,而飞行品质评价等级直接反映了驾驶员操纵飞机完成相应飞行任务的难易程度,制约着飞行安全。本节依据 MIL-HDBK-1797B 和 GJB-185-86 中对大型运输机飞行品质的要求,通过时域等效系统拟配等方法分析飞机结冰后典型模态特性,探索不同结冰严重程度情况下飞机飞行品质变化情况。

由于传统的飞行品质评价标准均是依据低阶系统指定的,而先进电传操纵飞机含有大量控制回路和非线性环节,其阶次可高达 50～70 阶,因此需要研究能够表征高阶系统响应特性的低阶等效系统。频域拟合和时域拟合是当前常用的等效系统求解方法。由于频域法对高阶系统模型的精度要求较高,且易忽略高阶系统的高频特性,而时域法能够有效弥补这些缺陷,故选择时域法进行等效系统拟配。以背景飞机结冰后的纵向飞行品质分析如下。

模态特性参数是飞行品质评价的主要性能指标,以飞机纵向为例,纵向运动特性可以分解为对扰动初始阶段表征明显的短周期模态和对扰动后期表征明显的长周期模态。由于短周期模态变化迅速,飞行员往往来不及响应,对飞行安全的影响最大,因此以俯仰角速度拟配为例,研究结冰后的短周期特征参数的变化趋势,式(2.40)为俯仰角速度在时域范围内的响应输出则有

$$q = \Delta q_1 e^{-\xi_{sp}\omega_{nsp}t}\sin(\omega_{nsp}t + \psi) + \Delta q_0 \quad (2.40)$$

其拟配过程中的代价函数为

$$J = \frac{1}{k}\sum_{t_1}^{t_k}[\Delta y(t_i)]^2 \quad (2.41)$$

式中:q 为俯仰角速度;ω_{nsp} 和 ξ_{sp} 为短周期自振频率和阻尼比;ψ 为相位角;Δq_1 和 Δq_0 分别是初始状态值和稳态值;$\Delta y(t_i) = y(t_i)_h - y(t_i)_l$ 为高阶系统和低阶系统响应输出差值。在等效拟配过程中,选择采用成熟的对初值敏感性较低的蚁群算法。

背景飞机在结冰条件下配平,操纵动作为双向全量升降舵脉冲输入。根据 MIL-HDBK-1797B 中的规定,设定待辨识参数取值范围为 $\Delta q_1 \in [-1.57, 1.57]$ rad/s,$\omega_{nsp} \in [0, 10]$ rad/s,$\xi_{sp} \in [0, 1]$,$\psi \in [-\pi/2, \pi/2]$ rad,$\Delta q_0 \in [-1.57, 1.57]$ rad/s。结冰严重程度分别定为未结冰、轻度结冰、中度结冰和重度结冰。拟配后的结果见表2.2。图2.33所示为不同飞行状态和结冰严重程度下的短周期阻尼比。

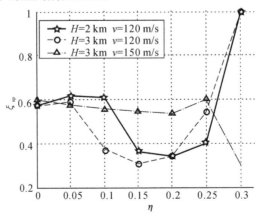

图 2.33 不同结冰严重程度下的 ξ_{sp}

表 2.2　模态特性参数拟配结果

H/m	$v/(\text{m} \cdot \text{s}^{-1})$	结冰严重程度	ξ_{sp}	ω_{nsp}	J
2 000	120	干净	0.572 3	1.081 6	6.906 1e−7
		轻度	0.608 3	0.915 9	2.925 8e−7
		中度	0.342 5	1.32	3.371 5e−4
		重度	1	1.237 5	5.234 0e−4
3 000	120	干净	0.576 6	0.966 5	3.192 4e−7
		轻度	0.370 09	1.576 4	3.208 3e−4
		中度	0.345 9	1.038 0	1.380 0e−4
		重度	0.999 9	1.280 3	4.291 0e−4
3 000	150	干净	0.599 3	1.371 8	2.569 0e−6
		轻度	0.557 8	1.246 7	2.625 0e−6
		中度	0.539 2	1.060 6	2.860 7e−6
		重度	0.288 6	1.557 0	6.253 8e−4

　　由表 2.2 和图 2.33 可以看出:①同一飞行状态下,随着结冰严重程度的增加,阻尼比均有下降趋势,自然频率变化不大,飞行品质降级。该变化趋势与试飞员模拟试飞后反馈的结果相似。随着结冰严重程度的增加,结冰对升阻特性、舵面操纵效率等的影响不断加大,重度结冰甚至可能导致飞机失稳。②在相同的高度和结冰严重程度条件下,随着飞行速度(加速度不变)的降低,阻尼比降低速度(加速度不变)增加。飞行速度是飞机的能量参数,更高的飞行速度(加速度不变)对应更低的配平迎角,而飞机距离迎角失速边界更远,因此在遭遇结冰后,飞行员应立即增加空速获得更大的飞行能量和安全裕度。③在相同的速度(加速度不变)和结冰严重程度条件下,在 3 km 高度时,飞机阻尼比降低的更严重。随着飞行高度的增加,空气密度降低,操纵舵效进一步降低,难以维持稳定状态。一旦进入结冰区域,驾驶员不宜盲目地拉杆爬升以防飞机失控。④表 2.2 中的代价函数均低于 10^{-6},说明该时域拟配方法的精度较高。图 2.34~图 2.36 所示进一步直观地呈现了为高阶系统和低阶等效拟配系统的响应曲线。⑤表 2.2 中,重度结冰条件下,$v=120$ m/s 时的两个飞行状态点的阻尼比均接近 1,变化异常。飞行速度(加速度不变)越低,飞机对结冰越敏感;随着结冰时间的累积,结冰越严重,进而诱发飞机丧失稳定性。图 2.37 为 $H=2\ 000$ m,$v=120$ m/s,重度结冰时的迎角响应曲线,直观地反映出,随着结冰时间的累积,飞机迎角呈发散趋势。

　　通过上述分析,飞机结冰将导致纵向飞行品质降级,随着结冰严重程度的增大,纵向飞行品质降级明显甚至可能导致飞机丧失稳定性;相同的结冰条件下,飞行速度(加速度不变)对结冰的敏感性较高,当飞行速度(加速度不变)较低时,即使轻度结冰也会对飞行品质和飞行稳定性产生较大影响,飞行员宜迅速推油门增加空速,获取安全裕度。特别是进近着陆阶段,飞行速度(加速度不变)和飞行高度较低,飞行员需特别注意观察飞机结冰情况。该方法同样适用于研究结冰对飞机横航向飞行品质的影响趋势。

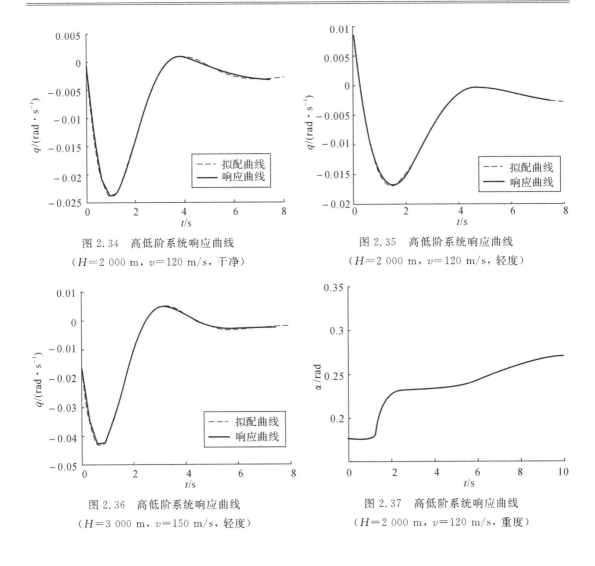

图 2.34　高低阶系统响应曲线
（$H=2\,000$ m，$v=120$ m/s，干净）

图 2.35　高低阶系统响应曲线
（$H=2\,000$ m，$v=120$ m/s，轻度）

图 2.36　高低阶系统响应曲线
（$H=3\,000$ m，$v=150$ m/s，轻度）

图 2.37　高低阶系统响应曲线
（$H=2\,000$ m，$v=120$ m/s，重度）

2.9　本 章 小 结

（1）本章分析了结冰遭遇情形下飞行仿真系统的复杂性，提出了可靠性理论、系统安全性与系统动力学相耦合的复杂系统模型构建的必要性和可行性；构建了基于四元数法的背景飞机非线性全量微分方程；提出了空气动力学与飞行力学双向面紧耦合的结冰影响模型，并通过对比数值模拟数据和冰风洞试验数据验证了所提出的方法的可行性和有效性；研究了适用于特情状态下的驾驶员补偿操纵模型，确定了驾驶员补偿操纵行为模型参数的分布规律，为第 3 章开展考虑随机性和不确定性的驾驶员操纵特性奠定了基础；为进一步逼真的模拟实际结冰条件构建了典型外部风场模型。

（2）基于复杂多因素耦合理论，本章构建了基于反射内存网络的结冰情形下分布式人-机-环实时仿真系统；分析了结冰仿真系统的工作方式和流程；确定了分布式各仿真节点间的数据交互方法，所构建的星形网络拓扑结构具有高效的可重组性和拓展性；为第 3 章开展基于蒙特

· 卡罗法的飞行仿真试验和飞行安全关键参数极值的提取奠定了仿真平台。

(3)本章分析了通过地面模拟仿真试验开展结冰风险科目模拟试飞、飞行员培训等工作的可行性和必要性;开展了干净构型、结冰遭遇情形下的验证试验;复现了某典型事故场景;验证了所构建的结冰实时仿真系统的可行性和可信性;进一步通过时域等效系统拟配,研究了不同结冰严重程度对飞机纵向飞行品质的影响规律和趋势。

第3章　面向飞行安全的复杂系统仿真与评估系统

结冰遭遇条件下的飞行风险事件属于高危、低频事件,开展结冰飞行风险评估所需样本数据巨大,结冰飞行试验或冰风洞试验对环境模拟条件要求苛刻,难以通过飞行试验或地面模拟试验获取大量试验数据。结冰遭遇情形下结冰冰型和位置具有强烈的不确定性和随机性,且结冰试飞属于高风险飞行科目,采集的试验样本容量较小但价值巨大。而极值理论能够有效地描述高危、低频风险事件中特征参数的显著厚尾特性,可以直观地描述飞行参数极值的分布特性。基于第2章所构建的考虑随机性和复杂性的仿真系统,本章首先研究蒙特·卡罗仿真方法在结冰飞行模拟试验中的应用方法,解决飞行参数极值样本数据需求量大的问题;其次验证飞行仿真数据的可信度;最后探索飞行安全关键参数仿真数据的统计特性和分布规律,提出飞行风险判定条件。

3.1　随机性和不确定性模拟方法

2.3节构建了能够反映驾驶员操纵随机特性的分布模型和行为特征数据库。在此基础上,本节主要研究驾驶员操纵行为特征参数的提取和仿真问题。蒙特·卡罗法是在已知随机变量分布规律的条件下,依据变量概率分布随机提取变量样本数据。该方法能够有效模拟随机变量的动态变化过程,准确反映随机变量的参数分布规律,解决复杂系统中的随机性问题,适用于提取飞行仿真中随机变量参数样本。

3.1.1　基于蒙特·卡罗法的随机变量提取方法

蒙特·卡罗法能够产生$[0,1]$区间内的服从均匀分布的伪随机数。因此,需要基于服从$[0,1]$区间均匀分布的随机数,通过一定的数学变换推导出满足特定数学分布的随机数。在此,以驾驶员模型中特征参数服从的对数正态分布和截尾正态分布为例进行推导。

1. 由均匀分布生成标准正态分布的方法

定理 3.1: 假设随机变量x的分布模型函数$y=F(x)$是连续的,且y的值域为$[0,1]$,那么可以通过求解其反函数$G(x)$,以$[0,1]$中的随机数为输入变量,则可得到服从指定分布形式下的随机数。

正态分布的反函数难以求解,运用 Box - Muller 法,基于正态分布与瑞利分布的特殊性质,数学转化后求解瑞利分布函数的反函数,进而求取正态分布随机变量的样本。

定理 3.2: 二维正态分布中,两个分量若相互独立,则其模服从瑞利分布。

试证明：$\int_{-\infty}^{+\infty} e^{\frac{-x^2}{2}} dx = 2\pi$。

证明： 令 $I = \int_{-\infty}^{+\infty} e^{\frac{-x^2}{2}} dx$，则

$$I^2 = \int_{-\infty}^{+\infty} e^{\frac{-x^2}{2}} dx \int_{-\infty}^{+\infty} e^{\frac{-y^2}{2}} dy = \int_{-\infty}^{+\infty} e^{-\frac{x^2+y^2}{2}} dx dy \tag{3.1}$$

令 $x = r\cos\theta, y = r\sin\theta$，其中 $\theta \sim [0, 2\pi]$，则

$$I^2 = \int_0^{2\pi} \int_0^{\infty} e^{\frac{-r^2}{2}} r dr d\theta = 2\pi \tag{3.2}$$

得证。

设 (X, Y) 为一对互相独立的且服从正态分布的随机变量，则其概率密度函数为

$$f_{(X,Y)}(x, y) = \frac{1}{2\pi} e^{-\frac{x^2+y^2}{2}} \tag{3.3}$$

令 $x = R\cos\theta, y = R\sin\theta$，其中 $\theta \sim [0, 2\pi]$，则

$$P(R \leqslant r) = \int_0^{2\pi} \int_0^r e^{\frac{-u^2}{2}} u du d\theta = \int_0^r e^{\frac{-u^2}{2}} u du = 1 - e^{\frac{-r^2}{2}} \tag{3.4}$$

令 $F_R(r) = 1 - e^{\frac{-r^2}{2}}$，则

$$R = F_R^{-1}(Z) = \sqrt{-2\ln(1-Z)} \tag{3.5}$$

可以通过 U_1 替代式中的 $(1-Z)$，令 $U_1 \sim U(0,1)$，$\theta = 2\pi U_2$，$U_2 \sim U(0,1)$，可得

$$\left.\begin{array}{l} X = R\cos\theta = \sqrt{-2\ln U_1} \cos(2\pi U_2) \\ Y = R\sin\theta = \sqrt{-2\ln U_1} \sin(2\pi U_2) \end{array}\right\} \tag{3.6}$$

综上所述，通过将两个服从均匀分布的随机变量经过式（3.6）的数学变换，即可得到服从正态分布的随机变量。进一步研究如何生成对数正态分布和截尾正态分布。

2. 由正态分布生成对数正态分布的方法

根据定理 3.2，将服从均匀分布的随机变量经数学变换，生成服从标准正态分布的样本 $X = (x_1, x_2, \cdots, x_n)$，令 $y_i = \sigma x_i + \mu$，$1 \leqslant i \leqslant n$，则

$$EY = E(\sigma x_i + \mu) = E(\sigma x_i) + E(\mu) = \mu \tag{3.7}$$

$$DY = D(\sigma x_i + \mu) = D(\sigma x_i) + D(\mu) = \sigma^2 \tag{3.8}$$

可得，$Y = (y_1, y_2, \cdots, y_n)$ 是服从 $N(\mu, \sigma^2)$ 的一组随机数。

根据对数正态分布的概率密度函数，设

$$F_x = \int_0^x \frac{1}{x\sigma\sqrt{2\pi}} \exp\left[-\frac{1}{2\sigma^2}(\ln x - \ln\mu)^2\right] dx \tag{3.9}$$

令 $\hat{\mu} = \ln\mu, \hat{x} = \ln x$，则

$$F_x = \int_{-\infty}^{e^{\hat{x}}} \frac{1}{\sigma\sqrt{2\pi}} \exp\left[-\frac{1}{2\sigma^2}(\hat{x} - \hat{\mu})^2\right] d\hat{x} \tag{3.10}$$

综上可知，随机变量 $Y = (y_1, y_2, \cdots, y_n)$ 服从 $N(\hat{u}, \sigma^2)$，令 $z_i = e^{y_i}$，故随机变量 $Z = (z_1, z_2, \cdots, z_n)$ 服从对数正态分布。

3. 由正态分布生成截尾正态分布的方法

设随机变量 p_i 服从 $[0,1]$ 均匀分布，在 $p_i < 0.5$ 时进入左截尾区间，在 $p_i \geqslant 0.5$ 时进入右

截尾区间。以左截尾区间为例推导如下。

$$p_i = \int_{D_{\min}}^{x} \frac{1}{c_1 \sigma_1 \sqrt{2\pi}} \exp\left[-\frac{1}{2\sigma_1^2}(x-\mu_1)^2\right] \mathrm{d}x =$$

$$\int_{-\infty}^{x} \frac{1}{c_1 \sigma_1 \sqrt{2\pi}} \exp\left[-\frac{1}{2\sigma_1^2}(x-\mu_1)^2\right] \mathrm{d}x - \int_{-\infty}^{D_{\min}} \frac{1}{c_1 \sigma_1 \sqrt{2\pi}} \exp\left[-\frac{1}{2\sigma_1^2}(x-\mu_1)^2\right] \mathrm{d}x$$

$$(3.11)$$

$$c_1 p_i = \int_{-\infty}^{x} \frac{1}{\sigma_1 \sqrt{2\pi}} \exp\left[-\frac{1}{2\sigma_1^2}(x-\mu_1)^2\right] \mathrm{d}x - \int_{-\infty}^{D_{\min}} \frac{1}{\sigma_1 \sqrt{2\pi}} \exp\left[-\frac{1}{2\sigma_1^2}(x-\mu_1)^2\right] \mathrm{d}x$$

$$(3.12)$$

$$c_1 p_i + p_0 = \int_{-\infty}^{x} \frac{1}{\sigma_1 \sqrt{2\pi}} \exp\left[-\frac{1}{2\sigma_1^2}(x-\mu_1)^2\right] \mathrm{d}x \qquad (3.13)$$

式中：p_0 为小于极小值 $D_{\min}$ 的概率。

依据 $N(u_1, \sigma^2)$ 分布，截尾正态分布 $X = x_i$ 的概率为

$$F(X = x_i) = P\{x < x_i\} = c_1 p_i + p_0 \qquad (3.14)$$

3.1.2 结冰条件下蒙特·卡罗仿真流程

飞行风险的发生往往伴随着飞行参数超限的情况,当前飞行边界保护系统评判飞行风险的依据同样是监控部分飞机响应参数的变化情况。因此,研究结冰遭遇条件下的飞行风险需要提取飞行参数样本。本节依托第 2 章所构建的驾驶员模型、结冰模型、外部环境影响模型、飞机模型等多因素耦合情形下的分布式实时仿真系统,考虑多个影响变量的随机性和不确定性,通过蒙特·卡罗仿真提取飞行安全关键参数,并进一步分析样本数据的统计学特性,初步确定极值样本的尾部分布特性,为下文开展飞行风险定量评估提供数据支撑。提取飞参极值的分布式仿真硬件系统如图 3.1 所示。

图 3.1　仿真硬件系统

基于所构建的仿真系统,开展蒙特·卡罗仿真试验,提取飞参极值的流程如图 3.2 所示。

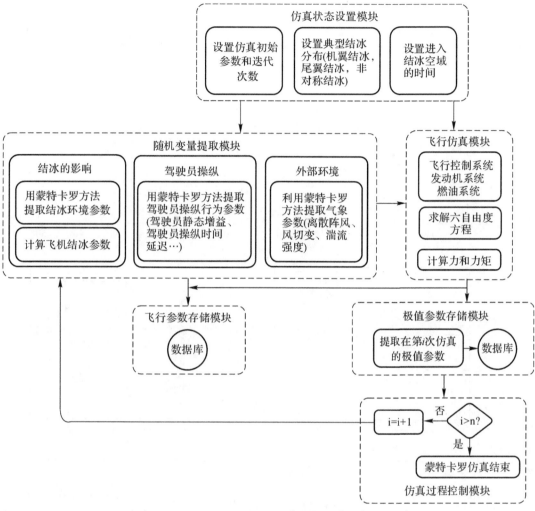

图 3.2　基于蒙特·卡罗仿真的飞行参数极值提取流程图

本章在第 2 章构建的面向飞行安全的动力学模型的基础上,运用蒙特·卡罗方法抽取具有随机性的相关变量值,需要抽取的内外部条件变量见表 3.1。

表 3.1　结冰条件下随机参数表

结冰影响特征	驾驶员行为特征	外部环境特征
1)结冰强度 2)结冰位置 3)大气温度 4)液态水含量 5)过冷水滴平均直径 6)除冰系统工况	1)反应时间延迟特征(采样特性) 2)时滞和超前特性 3)频率特性 4)噪声(干扰)特性 5)手臂肌肉神经系统的动态特性 6)有限的运算特性 7)自适应特性	1)空气密度 2)当地气压 3)离散突风 4)空气湿度

每次仿真计算迭代过程中所使用的随机参数值,反映了内外部环境综合影响下的随机性和不确定性。在完成全部随机变量的蒙特·卡罗抽样后,将所有参数带入到实时飞行仿真系统中进行迭代计算。飞行仿真模型是在 Simulink 中构建的(见图 3.3),在运行仿真时,需要将模型转化为"天脉"实时系统支持的 C 代码形式,并下载到实时仿真机中。

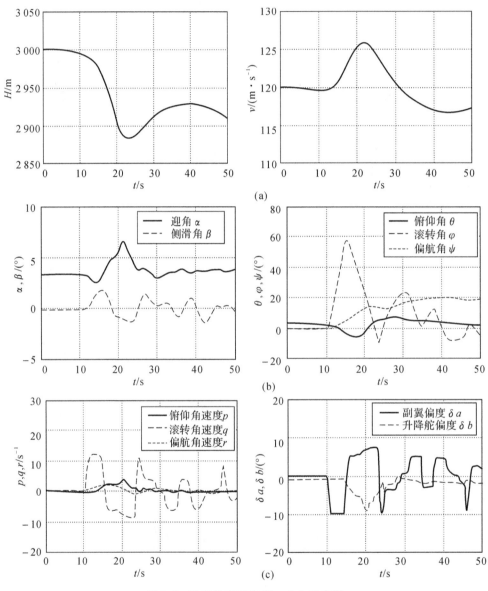

图 3.3 飞行仿真系统 Simulink 示意图

提取单次飞行试验参数极值的步骤如下:

(1)仿真状态设置模块。设定程序初始配平参数,包括飞行速度(加速度不变)和高度;设置仿真迭代次数;设置飞机进入结冰环境的时间及单次仿真时长;设定外部环境影响条件,包括环境形式和强度。为了方便研究不同机翼结冰、平尾结冰、非对称结冰等其组合情况,可在此设置结冰位置开展有针对性的某种结冰位置条件下的飞行风险问题研究。

（2）随机变量抽取模块。在此模块中依据蒙特·卡罗仿真方法,抽取第 i 次仿真过程中驾驶员操纵行为特征参数,外部环境影响参数等,见表 3.1。调取通过 CFD 数值模拟构建的结冰影响参数,并传递给结冰动力学仿真模型。该步长可根据所研究的计算精度和结冰速度进行设定。

（3）飞行仿真模块。基于所构建的实时分布式仿真系统模型,运用四阶龙格库塔算法开展仿真,步长设置为 0.02 s。该模块对仿真实时性要求较高,需要将模型下载到"天脉"实时仿真机中,通过反射内存卡与其他模块交联。

（4）极值参数存储模块。每次仿真过程中,将选择的飞行状态参数的极大值或极小值(如最大迎角、最小空速等)存储在该模块中,以备调用。

（5）飞行过程监控模块。通过该模块控制整个飞行仿真的执行情况。令 $i=i+1$;最后判断飞机的仿真次数 i 是否大达到设定值 n,以判断是否返回步骤(2)继续迭代。经验显示,当仿真次数 n＞2 000 时,飞行参数的统计特性较为稳定。因此通常设定仿真次数 n＝2 500,以平衡统计数据稳定性和飞行仿真时长。

3.2　结冰条件下飞行安全关键参数确定方法

本节以一个仿真案例说明飞行安全关键参数的确定方法。仿真背景设定为:背景飞机在3 000 m 高度,120 m/s 速度(加速度不变)平飞,在仿真开始 5 s 后遭遇机翼结冰,设定右侧机翼除冰系统故障。图 3.4 所示为第 21 次仿真过程中,飞行状态参数的变化情况。

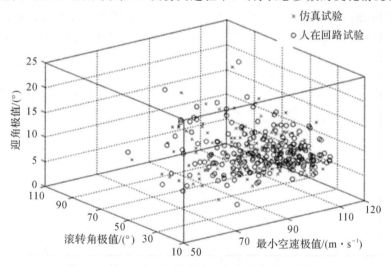

图 3.4　第 21 次飞行仿真中飞行状态参数变化情况

由图 3.4 可以看出,在驾驶员感知到机翼结冰之前,由于升力降低、阻力增大,飞机空速略有降低;由于右侧机翼除冰系统故障无法除冰,飞机在不对称升力和阻力作用下,滚转力矩致使飞机向右侧滚转并产生侧滑,并开始急速掉高度。在驾驶员开始介入操纵后,伴随着油门加大、推力增加,飞机逐渐恢复到初始状态。在这一过程中,飞机迎角增加 103.3%,滚转角达到

49.9°,飞行空速稳定裕度降低 58.3%,高度损失 116.3 m。与此同时,由于失速迎角降低、横向铰链力矩增大,飞行员难以控制航向稳定。在此,我们选择变化剧烈且对飞行安全较为敏感的迎角、滚转角和飞行空速作为飞行安全关键参数。当然,对于执行不同的飞行任务或飞行状态,飞行安全关键参数的选取也不同,如执行进近着陆任务时,飞行高度损失量对飞行安全的影响更加敏感,此时则需要选择更为适合的参数来表征飞行风险。

3.3 蒙特·卡罗仿真可信性验证

结冰条件下的试飞,属于高风险飞行科目,而自然结冰条件下的环境模拟和安全性保障要求更加严格,难以通过结冰飞行试验验证,因此采用试飞员在回路的地面模拟试验数据校验所构建系统模型的准确性和可行性。为保证极值参数分布的稳定性,经验表明样本容量需要达到 2 000 次以上。试飞员开展 2 000 次人在回路地面模拟试验同样较为困难。本节通过对比相同初始条件下的 200 次驾驶员模型试验和试飞员在回路试验,验证基于蒙特·卡罗仿真法使用驾驶员模型替代试飞员进行飞行仿真试验的可行性。

图 3.4 所示为试飞员在回路和驾驶员模型试验的飞行参数极值分布情况,从散点图中可以看出,仿真数据和测试数据具有相似的分布。为进一步更清晰地验证两组数据的相似性,通过 QQ 图解法、R^2 法、相关系数法和 K-S 检验法分析两组极值参数的相关性。

由图 3.5 可以看出,两个样本的分位数散点基本呈一条直线分布,能够说明两个样本具有相似的分布形式;进一步观察表 3.2,所选取的三个极值参数的 p 值均大于 0.05,说明拒绝原假设的理由非常微弱。相关系数和 R^2 系数均大于 0.9,表明两个样本有强烈的线性相关性。综合上述评判准则,可以确定两组试验样本具有相同的分布形式,可以使用驾驶员模型进行蒙特·卡罗仿真试验。

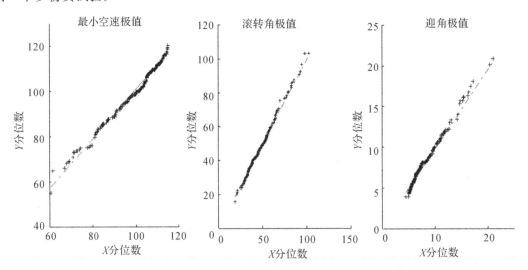

图 3.5 驾驶员模型仿真数据与试飞员在回路试验数据 QQ 图

表 3.2　驾驶员模型仿真数据与试飞员在回路试验数据拟合优度检验

极值参数	相关系数	K－S	p	R^2
最小速度(加速度不变)极值	0.960 7	0.085 0	0.448 6	0.923 0
滚转角极值	0.979 7	0.045 0	0.985 5	0.959 9
迎角极值	0.966 7	0.105 0	0.207 8	0.934 6

从图 3.5 可以看出,三个极值参数的分布均具有明显的厚尾特性,又因为结冰遭遇情形下的飞行风险属于高危低频事件范畴,故第 4 章将采用极值理论描述极值参数的分布形式,对极值参数的尾部分布特性进行建模,定量分析结冰条件下的飞行风险。

3.4　飞行安全关键参数统计特性

上文通过蒙特·卡罗仿真试验提取了极值样本数据,并验证了依据驾驶员模型开展结冰飞行地面模拟试验的可行性。在确定了飞行安全关键参数的基础上,本节主要针对已获取的极值样本,分析其统计特性。最小空速极值、滚转角极值和迎角极值样本数据的部分统计特性见表 3.3。

表 3.3　飞行安全关键参数统计特性

极值参数	最小空速极值/$(m\cdot s^{-1})$	滚转角极值/(°)	迎角极值/(°)
最大值	115.003 8	103.034 3	20.996
最小值	60.618 7	18.690 4	4.405 6
平均值	98.917 2	47.446	8.053 7
中位数	102.712 4	44.905	7.105
方差	151.575 3	252.581 2	8.844 4
峰度系数	3.244 8	4.073 1	6.173 3
偏斜度	－0.965 8	0.987 5	1.707 2

表 3.3 中,峰度系数是用来描述样本数据在中心位置的聚集程度,其计算方法见下式:

$$k = \frac{E(x-\mu)^4}{\sigma^4} = \frac{\frac{1}{n}\sum_{i=1}^{n}(x_i-\bar{x})^4}{\left[\frac{1}{n}\sum_{i=1}^{n}(x_i-\bar{x})^2\right]^2} \tag{3.15}$$

不难求出,对于标准正态分布,$k=3$。当 $k>3$ 时说明样本数据更加集中,且较正态分布具有更长的尾部;$k<3$ 则情况正好相反,更接近于均匀分布。

偏度系数是用来描述样本数据分布的对称性,其计算方法见下式:

$$s=\frac{E(x-\mu)^3}{\sigma^3}=\frac{\frac{1}{n}\sum_{i=1}^{n}(x_i-\bar{x})^3}{\left(\sqrt{\frac{1}{n}\sum_{i=1}^{n}(x_i-\bar{x})^2}\right)^3} \tag{3.16}$$

样本数据左右对称时,其值为 0。正值表示右侧尾部较长,负值情况正好相反。

观察表 3.3 可以发现,三个飞行安全关键参数最小空速极值、滚转角极值和迎角极值的峰度系数均大于 4,说明三个极值样本数据的分布较正态分布而言,更加集中且有更长的尾部分布;最小空速极值的偏斜度与滚转角极值和迎角极值的符号相反,说明最小空速极值具有较长的左侧尾部分布,而滚转角极值和迎角极值具有较长的右侧尾部分布;三个极值参数的平均值和中位数距离相应参数的最大值和最小值的距离差距较大,说明三种分布形式均不是对称分布。

图 3.6 给出了三个极值样本的盒形图,图中红色横线为样本的中位数,蓝色上下边界线分别为 25% 和 75% 分界线。图 3.6 直观地呈现了尾部样本点超出正态分布界限范围,最小空速极值样本具有显著的下尾分布,滚转角极值和迎角极值具有显著的上尾分布。

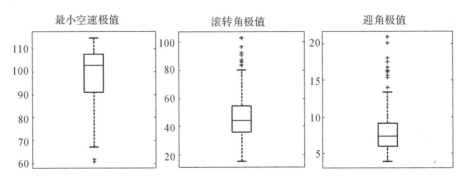

图 3.6　飞行安全关键参数极值样本盒形图

通过对最小空速、滚转角、迎角的极值样本统计特性的分析,可以得出,三种飞行安全关键参数具有非对称性和明显的厚尾特性。因此,第 4 章在分析极值理论的基础上,探索极值样本的一维分布特性。

3.5　飞行风险判定条件

《系统安全性通用大纲》(GJB 900—1990)中依据事故严重程度将事故分为灾难的、严重的、轻度的和轻微的,并依据发生概率分为五个等级。其附录 A2 中给出了事故概率与风险程度关系的风险评估矩阵,见表 3.4。本书所研究的结冰条件下的飞行风险属于飞行失控范畴,导致至少 1 人伤亡,属于灾难性的。

表 3.4　《系统安全性通用大纲》中规定的风险评估矩阵

事故发生概率	严重度分类			
	灾难的(Ⅰ)	严重的(Ⅱ)	轻度的(Ⅲ)	轻微的(Ⅳ)
频繁(A)($>10^{-1}$)	1	3	7	13
很可能(B)($10^{-1}\sim10^{-2}$)	2	5	9	16
有的(C)($10^{-2}\sim10^{-3}$)	4	6	11	18
极少的(D)($10^{-3}\sim10^{-6}$)	8	10	14	19
不可能(E)($<10^{-6}$)	12	15	17	20

注:危险的风险指数为 1～5 表示不可接受;6～9 表示不希望有的,需订购方决策;10～17 表示订购方评审即可接受;18～20表示不评审即可接受。

由于可以通过判别飞行参数的异常变动来表征飞行风险,4.3 将以飞机迎角、滚转角和空速作为例选取了飞行安全关键参数。由于三个参数的取值范围相差较大,通过归一化处理以便于对比分析。通过查阅某型飞机气动参数数据,飞机迎角与飞行马赫数和襟翼偏度状态有关,如当 $Ma=0.2$,襟翼偏度为 0 时,临界迎角 $\alpha_c=20.5°$,而同样情况下当 $Ma=0.7$ 时,$\alpha_c=10.9°$,因此考虑结冰对失速迎角的影响,通过 $\alpha_{\max}/\alpha_c(\delta_f,Ma,\mathrm{ice})$ 对迎角极值进行归一化处理。同理,某型飞机气动手册规定背景飞机滚转角临界值为 $\phi_{\max}=85°$,可视为当滚转角达到 85° 时,飞行员难以改出;飞机空速左边界值与襟翼偏度和结冰影响有关。因此,定义结冰条件下飞行风险判定依据见下式:

$$\left.\begin{array}{l} P=1,\mathrm{if}(v_{\min}/V_c(\delta_f,\mathrm{ice})<1)\\ P=1,\mathrm{if}(\phi_{\max}/85>1)\\ P=1,\mathrm{if}(\alpha_{\max}/\alpha_c(\delta_f,Ma,\mathrm{ice})>1) \end{array}\right\} \tag{3.17}$$

而飞行风险发生概率可通过下式计算,即

$$P_v=F_1(\bar{v}_{\min}<1) \tag{3.18}$$

$$P_\phi=1-F_2(\bar{\phi}_{\max}>1) \tag{3.19}$$

$$P_\alpha=1-F_3(\bar{\alpha}_{\max}>1) \tag{3.20}$$

3.6　本 章 小 结

本章研究了将蒙特·卡罗方法生成的服从[0,1]均匀分布的伪随机数,转换为服从一定数学分布的随机变量的方法,并应用于具有随机性和不确定性的驾驶员补偿操纵模型、外部影响环境模型等;依据分布式实时仿真系统,开展了蒙特·卡罗仿真试验,解决了飞行风险评估样本需求量较大的问题,确定了结冰遭遇情形下的飞行安全关键参数,并进一步分析了飞行安全关键参数的统计学特性,发现所提取的最小空速极值、滚转角极值和迎角极值具有明显的厚尾分布特性;在此基础上,结合与背景飞机同类型典型运输机的飞行手册,提出了灾难等级下的飞行风险判定条件,为第 4 章和第 5 章基于所提出的极值参数开展飞行风险定量评估提供了数据支撑。

第4章 基于一维飞行参数极值的结冰风险量化模型与方法

在第2章构建的面向飞行安全仿真模型的基础上,第3章通过蒙特·卡罗仿真方法,在分布式飞行实时仿真系统中提取了三个飞行安全关键参数极值样本。结冰遭遇情形下的飞行风险可以归结为相应的飞行安全关键参数超过一定阈值引起的。根据3.5节的分析可知,最小空速极值、滚转角极值和迎角极值均具有明显的厚尾分布特性,这种分布形式在低频高危风险事件(如金融风险、自然灾害等)中较为常见。而极值理论能够有效地描述这种形式的参数分布情况,能够直接处理飞行安全关键参数的尾部分布,适合应用于低频高危风险事件的研究。本书所研究的结冰遭遇情形下的飞行风险也属于低频高危事件的研究范围。从概率统计角度看,飞行参数极值样本不可能得到充足的样本数据,只有少数状态点进入尾部区域,运用极值理论研究飞行风险必须考虑模型的不确定性。本章在研究三个飞行安全关键参数统计特性的基础上,针对极值样本的不确定性,结合极值理论研究一维极值样本的尾部分布规律,通过参数辨识和拟合优度检验等方法确定不同飞行参数的最优分布模型,依据飞行风险判定条件开展基于一维飞行参数极值的风险概率定量评估研究。

4.1 一维极值理论适用性分析

极值理论是通过研究能够表征风险发生规律的随机变量最值渐进分布特性,研究极端事件的统计学规律及其分布情况,属于次序统计学的一个分支,对超过一定阈值的样本数据建模。这种研究具有独立同分布随机变量最大值或最小值渐进分布的理论称为极值理论。1922年,德国数学家Bortkiewicz明确指出了正态分布样本最大值具有新的数学统计规律,标志着近代极值理论的开端。1923年,德国数学家Mises研究了样本极大值的数学期望,标志着研究极值理论渐进分布的开端。此后,各国数学家(如Dodd,Tippet,Fisher,Dehaa等)不断深入,开始研究随机变量次序统计量的分布性质,对具有上尾或下尾分布特性的底分布特性的超阈值性质开展了系统的研究,并反过来提出了对底分布的尾部或参数函数通过极端次序统计量或者超越阈值的统计方法进行估计的思想。在此基础上,开展了对于极值统计量尾部分布数学模型的构建和分布参数的研究。

极值理论具有以下显著特征:①极值样本的发生概率较小,常常位于分布函数的尾部;②研究极值样本的尾部特性往往无法获取足够的样本统计量,采用渐进分布逼近的方法是可行的;③极值的发生往往会伴随着极端情况的出现,且多为高风险事件。因此,极值理论特别适合于分析高风险情形下的风险概率分析,如股市灾害、洪水、地震、重大工业事故等。近年来,在统计分析极端事件中,极值理论得到了广泛的应用。张卫东等运用极值理论开展了地震风险评估、预测等研究。吕秀艳等人将极值理论中的 Weibull 分布模型应用到了硬件可靠性计算和硬件寿命预测等方面。Harris,Stuart 等人在极端灾难性气候预测方面运用了极值理论。Joshua 等人运用极值理论开展了热波风险量化研究。Gkillas 等人运用极值理论分析了比特币等 5 种加密货币的风险情况。Weng 等人在评价神经网络鲁棒性时借鉴了极值理论评价方法。Onol 等人运用极值理论分析了黑海海面温度与极端降水事件的关系。

运用极值理论能够有效地描述样本数据序列分布的尾部特性,便于构建相应随机变量极值的数学模型,结合风险判定条件定量计算超限风险事件发生概率,进而对高危低频风险事件开展定量评估与预测分析。

4.2　一维极值分布模型

一维极值分布模型能够有效地描述结冰遭遇情形下飞行安全关键参数极值样本的概率分布情况和样本数据边际概率分布尾部特征。当前,其他高危低频事件中应用最为广泛的一维极值分布模型是广义极值分布模型(GEV)和广义 Pareto 分布模型(GDP)。

4.2.1　极值理论基本假设

在实际应用过程中,往往不知道极值样本的底分布形式,而依据较大容量的极值样本构建其渐进分布模型则较为可行。现给出以下假设:

(1)研究对象应为随机变量;

(2)研究对象的底分布形式一致;

(3)极值样本数据相互独立;

(4)结合具体研究的实际问题,应当选取合适的阈值:阈值选取过小,则不满足极值模型的理论要求;阈值选取过大,则容易造成信息浪费,且因为可用极值数据较少引起结论不稳定。

4.2.2　极值统计量

极值理论是针对样本统计量中具有极值特征的数据开展研究的,这些统计量包括样本统计量中的最大值、最小值、第 r 大次序值、极差及极差中值等等。现介绍几种常用的统计量。

设 $x_1,x_2,\cdots,x_n$ 取自总体分布为 $F(x)$ 的一个独立同分布的样本,将它们按由小到大的顺序排列成 $x_{n,n} \leqslant x_{n-1,n} \leqslant \cdots \leqslant x_{1,n}$,则称 $x_{n,n},x_{n-1,n},\cdots,x_{1,n}$ 为次序统计量(Order Statistics),故称 $x_{r,n}$ 为第 r 大次序统计量,称 $x_{\min}=\min\{x_1,x_2,\cdots,x_n\}$ 和 $x_{\max}=\max\{x_1,x_2,\cdots,x_n\}$ 分别为最小次序统计量和最大次序统计量。

极差是指取一次样本统计中的最大值与最小值,以两者之间的差值作为统计量。极差能够反映统计数据的变异量数,评价样本数据的离散度。

上述统计量的分布规律形式称为相应的极值分布。

4.2.3 广义极值分布模型

以极值统计量中的最大值 $x_{\max}$ 为例,分析其右尾分布特性。当 $n \to \infty$ 时,样本极大值 $x_{\max}$ 的分布函数为

$$P(x_{\max} \leqslant x) = P(x_1 \leqslant x, x_2 \leqslant x, \cdots, x_n \leqslant x) = \prod_{i=1}^{n} F(x) = F^n(x) \qquad (4.1)$$

在应用过程中,考虑极大值的分布情况是没有实际意义的,通常研究 $n \to \infty$ 时,$F^n(x)$ 的渐进分布形式。

记 $A = \{x : 0 < F(x) < 1\}$,$x^* = \sup_{x \in A} A$,$x_* = \inf_{x \in A} A$,称集合 A 为分布 $F(x)$ 的支撑,x^* 和 x_* 分别为分布 $F(x)$ 支撑的上、下端点,对所有的 $x_* \leqslant x \leqslant x^*$,均满足

$$P(x_{\max} \leqslant x) = F^n(x) \to 0, \quad n \to \infty \qquad (4.2)$$

若 F 的上端点 x^* 有界(即 $x^* < \infty$),当 $x \geqslant x^*$ 时,则有

$$P(x_{\max} \leqslant x) = F^n(x) \to 1, \quad n \to \infty \qquad (4.3)$$

因此研究退化的最大值渐进分布是没有意义的。可以通过将 n 个随机变量的最大值进行规范化变换,运用中心极限定理分析最大值的分布性质。

定理 4.1(Fisher - Tippett 定理):设序列 $x_1, x_2, \cdots, x_n$ 为独立同分布的随机变量,当存在常数列 $\{a_n > 0\}$ 和 $\{b_n\}$,满足

$$\lim_{n \to \infty} P\left(\frac{x_{\max} - b_n}{a_n} \leqslant x\right) = H(x), \quad x \in \mathbf{R} \qquad (4.4)$$

时,则 $H(x)$ 是非退化分布函数,且 $H(x)$ 必属于以下三种类型分布之一:

Ⅰ 型分布:

$$H_1(x) = \exp(-e^{-x}), \quad -\infty < x < +\infty \qquad (4.5)$$

Ⅱ 型分布:

$$H_2(x, a) = \begin{cases} 0, & x \leqslant 0, \\ \exp(-x^{-a}), & x > 0, \end{cases} \quad a > 0 \qquad (4.6)$$

Ⅲ 型分布:

$$H_3(x, a) = \begin{cases} \exp[-(-x)^a], & x \leqslant 0, \\ 1, & x > 0 \end{cases} \quad a > 0 \qquad (4.7)$$

上述三种分布分别称为 Gumbel 分布、Frechet 分布、Weibull 分布,可统称为极值分布。a_n 和 b_n 称为规范化常数。当 $a = 1$ 时,$H_2(x, 1)$ 和 $H_3(x, 1)$ 分别称为标准 Frechet 分布和标准 Weibull 分布。

进一步分析 Gumbel 分布、Frechet 分布、Weibull 分布,图 4.1 所示为 $a = 2$,$a = 3.6$ 和 $a = 10$ 时的标准概率密度分布情况。从图 4.1 中可以看出,这三种分布的标准概率密度均是单峰值函数,且下降趋势不同。Gumbel 分布和 Frechet 分布的密度函数向右偏,而 Weibull 分布依据 a 的取值不同而偏向不同,具有明显的厚尾特性。

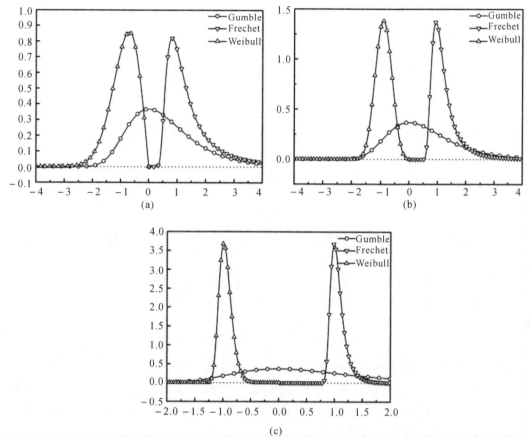

图 4.1　标准 GEV 极值分布函数密度图

(a)$a=2$；　(b)$a=3.6$；　(c)$a=10$

进一步引入位置参数 μ 和尺度参数 σ，可以将上述三种类型的极值分布形式统一为

$$H(x,\mu,\sigma,\xi) = \exp\left[-\left(1+\xi\frac{x-\mu}{\sigma}\right)^{-1/\xi}\right], 1+\xi\frac{x-\mu}{\sigma} > 0, \mu,\xi \in R, \sigma > 0 \quad (4.8)$$

将 $H(x,\mu,\sigma,\xi)$ 称为广义极值分布，ξ 称为形状参数。当 $\xi > 0$ 时，取 $a=1/\xi$，则 $H(x,\mu,\sigma,\xi)$ 表示 Frechet 分布；当 $\xi=0$ 时，则 $H(x,\mu,\sigma,\xi)$ 表示 Gumbel 分布；当 $\xi < 0$ 时，取 $a=-1/\xi$，则 $H(x,\mu,\sigma,\xi)$ 表示 Weibull 分布。所以，形状参数 ξ 决定了极值分布的类型。

进一步分析 GEV 模型。当 $x \to +\infty$ 时，无论 ξ 取值正负，GEV 分布均趋近于 0 或有上界。因此，可得出满足 GEV 分布的充要条件是：随机序列样本极值的尾部具有幂衰减、指数衰减或有界。

4.2.4　广义极值分布模型的基本性质

1.极值分布的最大值稳定性

定义 4.1：对于指定分布函数 $F(x)$，当存在常数列 $\{a_n > 0\}$ 和 $\{b_n\}$，满足

$$F^n(a_n x + b_n) = F(x) \quad (4.9)$$

时,称 $F(x)$ 具有最大值稳定性。

对于 Ⅰ 型极值分布,取 $a_n = 1, b_n = \lg n$,则可以验证 $H_1^n(x + \lg n) = H_1(x)$,即 Ⅰ 型极值分布是最大值稳定分布。同理,针对 Ⅱ 型和 Ⅲ 型极值分布,分别取 $a_n = n^{1/a}, b_n = 0$ 和 $a_n = n^{-1/a}, b_n = 0$,可以验证三种分布均具有最大值稳定性。因此,极值分布是最大值稳定分布。

2. 极值分布的数字特征

Gamma 函数 $\Gamma(x) = \int_0^{+\infty} t^{x-1} e^{-t} dt, (x > 0)$ 具有如下性质:$\Gamma(a+1) = a\Gamma(a)$;$\Gamma(1/2) = \sqrt{\pi}$;$\Gamma(n+1) = n!$。

假设随机变量 X 的密度函数为 $f(x)$,其 k 阶原点矩为

$$a_k = E(x^k) = \int_{-\infty}^{+\infty} x^k f(x) dx \tag{4.10}$$

当 $k = 1$ 时,$a_1 = E(x)$ 为 X 的数学期望,$\sigma_k = E[X - E(X)]^k$ 为 X 的 k 阶中心矩,故 X 的方差为

$$Var(X) = E[X - E(X)]^2 = E(X^2) - [E(X)]^2 = a_2 - a_1^2 \tag{4.11}$$

因此随机变量 X 的偏度系数(skewness)和峰度系数(kurtosis)可表示为

$$\beta_s = E\left(\frac{X - E(X)}{[Var(X)]^{1/2}}\right)^3, \quad \beta_k = \frac{E[X - E(X)]^4}{Var^2(X)} \tag{4.12}$$

3. 极值分布的最大值吸引场

Fisher - Tipperr 极限类型定理已经证明,若规范化最大值分布的极限存在,则必属于 GEV 分布。接下来需要研究,对给定的极值分布 $H(x)$,底分布 $F(x)$ 具备什么条件时能够保证规范化最大值变量依分布收敛于 $H(x)$。

定义 4.2:设 $x_1, x_2, \cdots, x_n$ 为取自总体分布 $F(x)$ 的独立同分布随机序列,当存在常数列 $\{a_n > 0\}$ 和 $\{b_n\}$ 满足

$$\lim_{n \to \infty} P\left(\frac{x_{max} - b_n}{a_n} \leqslant x\right) = \lim_{n \to \infty} F^n(a_n x + b_n) = H(x) \tag{4.13}$$

时,称 X 属于极值分布 $H(x)$ 的最大值吸引场。

定义 4.2 表明,当存在满足条件的常数列 $\{a_n > 0\}$ 和 $\{b_n\}$ 时,随机序列极大值的分布为极值分布,且与底分布无关。

定义 4.3:设 $F(x)$ 为极值变量的分布函数,且 x 有界,如果有 $z < x^*$ 使下式成立:

$$\overline{F}(x) = c\exp\left[-\int_z^x \frac{1}{a(t)} dt\right], \quad z < x < x^* \tag{4.14}$$

式中:$c > 0$ 且为常数;$a(\bullet)$ 为连续的函数,且满足 $\lim_{x \to x^*} a'(x) = 0$。称 $F(x)$ 为 Von Mises 函数,$a(\bullet)$ 为 $F(x)$ 的辅助函数。

因此,对于 Ⅰ 型极值样本分布,极大值吸引场的规范化常数 $a_n = a(b_n), b_n = F^{-1}(1 - n^{-1})$。Ⅰ 型分布包括正态分布、对数正态分布、指数分布、Gamma 分布等等。

对于 Ⅱ 型极值样本分布,极大值吸引场的规范化常数 $a_n = F^{-1}(1 - n^{-1}), b_n = 0$。Ⅱ 型分布包括 Pareto 分布、Cauchy 分布等等。

对于 Ⅲ 型极值样本分布,极大值吸引场的规范化常数 $a_n = x^* - F^{-1}(1 - n^{-1}), b_n = x^*$。Ⅲ 型分布包括 Beta 分布、均匀分布等等。

4.2.5　广义 Pareto 分布模型

GEV 经典区组模型不能够充分利用样本数据中包含的极值信息,当每组中的极值样本足够大时,依据极大值吸引场的相关定理,可以通过样本分组重新编号,将新样本视为 GEV 分布模型的独立同分布样本。适用于该模型的有每日投资最大盈利、年最大降水量、单次仿真中的最大值等情况。广义 Pareto 分布(GDP) 模型是运用超过阈值 u 的观测值 X_i 的分布来描述的,能够弥补 GEV 分布不能充分利用极值信息的缺点。

若随机变量 X 的分布函数为

$$G(x,\mu,\sigma,\xi) = 1 - \left(1 + \xi\frac{x-\mu}{\sigma}\right)^{-1/\xi}, \quad x \geqslant \mu, \quad 1 + \xi(x-\mu)/\sigma > 0 \tag{4.15}$$

则 X 服从 GPD 分布。其中 $\mu \in \mathbf{R}, \sigma > 0, \xi \in \mathbf{R}$ 与 GEV 分布中的概念一致。为便于区分,有时用 a 表示形状参数,则相应的 Pareto Ⅰ 型、Ⅱ 型和 Ⅲ 型分布如下:

$$G_1(x;\mu,\sigma) = \begin{cases} 1 - e^{-\frac{x-\mu}{\sigma}}, & x \geqslant \mu \\ 0, & x < \mu \end{cases} \tag{4.16}$$

$$G_2(x;\mu,\sigma,a) = \begin{cases} 1 - \left(\frac{x-\mu}{\sigma}\right) - a, & x \geqslant \mu + \sigma \\ 0, & x < \mu + \sigma \end{cases}, \quad a > 0 \tag{4.17}$$

$$G_3(x;\mu,\sigma,a) = \begin{cases} 0, & x < \mu + \sigma \\ 1 - \left(-\frac{x-\mu}{\sigma}\right)^a, & \mu - \sigma \leqslant x \leqslant \mu, \quad a > 0 \\ 1, & x > \mu \end{cases} \tag{4.18}$$

与 GEV 分布的记号类似,当 $\mu = 0, \sigma = 1$ 时称为标准 GPD,可相应地简记为 $G_1(x)$,$G_2(x;a), G_3(x;a)$。不难求出广义 Pareto 分布的密度函数为

$$g(x;\mu,\sigma,a) = \frac{1}{\sigma}\left(1 + \xi\frac{x-\mu}{\sigma}\right)^{-1/\xi-1}, \quad x \geqslant \mu, \quad \xi\frac{x-\mu}{\sigma} > 0 \tag{4.19}$$

则用 g_i 分别表示三型 GPD 分布函数的概率密度为

$$g_1(x;\mu,\sigma) = \frac{1}{\sigma}e^{-\frac{x-\mu}{\sigma}}, \quad x \geqslant \mu \tag{4.20}$$

$$g_2(x;\mu,\sigma,a) = \frac{a}{\sigma}\left(\frac{x-\mu}{\sigma}\right)^{-a-1}, \quad a > 0 \tag{4.21}$$

$$g_3(x;\mu,\sigma,a) = \frac{a}{\sigma}\left(-\frac{x-\mu}{\sigma}\right)^{a-1}, \quad \mu - \sigma \leqslant x \leqslant \mu, \quad a > 0 \tag{4.22}$$

图 4.2 所示为标准广义 GPD 分布的密度函数曲线,$g_1(x), g_2(x;a)$ 分别在区间 $[0,\infty]$ 和 $[1,\infty]$ 上严格单调递减;当 $a > 1$ 时,$g_3(x;a)$ 在区间 $[-1,0]$ 上严格单调递减。

4.2.6　广义 Pareto 分布模型的极大值稳定性

定理 4.2:给定分布函数 $F(x)$,若存在常数 a_u, b_u,且对 $\forall x \in \mathbf{R}$,均满足

$$F_u(a_u x + b_u) = F(x) \tag{4.23}$$

式中，$F_u(y) = \Pr(X - \mu \leqslant y \mid X > \mu)$ 为超过一定阈值的超出量分布函数；$F(x)$ 具有 POT 稳定性。

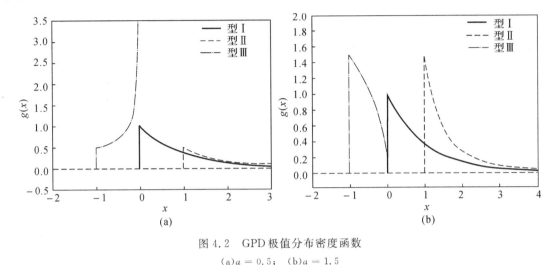

图 4.2　GPD 极值分布密度函数

(a)$a = 0.5$；　(b)$a = 1.5$

因此，广义 Pareto 分布均为 POT 稳定分布。广义 Pareto 分布中超过一定阈值的超出量分布函数同样为 GPD 分布，且与原分布形式相同。

$G(x, \mu, \sigma, \xi)$ 的平均超出量函数可表示为

$$e(u) = \frac{\sigma + \xi(u - \mu)}{1 - \xi}, \quad \begin{cases} u - \mu > 0, & 0 \leqslant \xi < 1 \\ \mu \leqslant u \leqslant \mu - \sigma/\xi, & \xi < 0 \end{cases} \tag{4.24}$$

根据广义 Pareto 分布的极大值稳定性，对于服从 GEV 分布或 GDP 分布的函数 $F(x)$，其极值分布形式与超出一定阈值 μ 的超出量 $(X - \mu)$ 函数分布形式相同，这个性质非常重要，是开展飞行安全关键参数尾部分布模型构建与极值参数模型构建的理论基础。

4.3　基于一维极值分布的飞行风险量化确定方法

4.3.1　一维飞行安全关键参数分布模型假设

在分析极值理论与极值分布模型和性质的基础上，结合 4.1 节的飞行安全关键参数统计特性分析结果，针对飞行安全关键参数具有的厚尾特性，本节选取了能够有效描述尾部分布规律的六种分布模型，分别是极值理论中的极值分布（EV）、广义极值分布（GEV）、广义 Pareto 分布（GPD）以及能够描述尾部分布特性的对数正态分布（Logn）、威布尔分布（Weibull）、指数分布（Exp）。为方便对比分析，在此给出正态分布（Normal）。上述模型的分布函数为

$$\text{EV}: F(x; \mu, \sigma) = -\exp\left[-\left(\frac{x - \mu}{\sigma}\right)\right] \tag{4.25}$$

$$\text{GEV} : F(x;\xi,\mu,\sigma) = \exp\left[-\left(1+\xi\cdot\frac{x-\mu}{\sigma}\right)^{-1/\xi}\right] \tag{4.26}$$

$$\text{GPD} : G(x;\xi,\mu,\sigma) = 1-\left(1+\xi\cdot\frac{x-\mu}{\sigma}\right)^{-1/\xi} \tag{4.27}$$

$$\text{Logn} : F(x;\mu,\sigma) = \frac{1}{\sigma\sqrt{2\pi}}\int_0^x \frac{\exp\left[-(\ln t-\mu)^2/(2\sigma^2)\right]}{t}\mathrm{d}t \tag{4.28}$$

$$\text{Weibull} : F(x;a,b) = \int_0^x ba^{-b}t^{b-1}\exp\left[-(t/a)^b\right]\mathrm{d}t \tag{4.29}$$

$$\text{Exponential} : F(x;\mu) = 1-\exp(-x/\mu) \tag{4.30}$$

$$\text{Normal} : F(x;\mu,\sigma) = \frac{1}{\sigma\sqrt{2\pi}}\int_{-\infty}^x \exp\left[-(t-\mu)^2/(2\sigma^2)\right]\mathrm{d}t \tag{4.31}$$

由于本书研究的飞行参数极值具有连续的概率密度函数,故排除了 Poisson 分布等其他离散型分布类型。此外,GEV 分布模型是将样本数据分块,选取一定时间或区域内的极值进行建模,而 GPD 模型是选取超过一定阈值的样本数据进行建模。本书所研究的结冰条件下的飞行参数极值是通过蒙特·卡罗仿真,提取每次仿真过程中的极值形成的样本数据,符合 GEV 分布模型的区组分块最大值提取法,故排除 GPD 分布模型。

在构建能够描述尾部特性数学模型的基础上,运用遗传算法辨识上述模型中的未知参数变量,选择遗传算法的原因是其能够很好地解决辨识算法对初值选取的敏感性问题。各个模型的待辨识参数见表 4.1。

表 4.1 未知参数辨识结果

模　型	最小空速极值	滚转角极值	迎角极值
EV	$\mu=104.418\,9,\sigma=8.932\,9$	$\mu=56.038\,6,\sigma=19.128\,5$	$\mu=9.736\,1,\sigma=4.063\,1$
GEV	$\xi=-0.775\,7,\mu=97.642\,3,$ $\sigma=13.567\,8$	$\xi=0.001\,2,\mu=40.257\,7,$ $\sigma=12.387\,3$	$\xi=0.354\,6,\mu=6.518\,8,$ $\sigma=1.498\,9$
Logn	$\mu=4.585\,7,\sigma=0.135\,0$	$\mu=3.807\,0,\sigma=0.324\,1$	$\mu=2.031\,5,\sigma=0.316\,3$
Weibull	$a=103.954\,7,b=10.922\,5$	$a=52.981\,0,b=3.096\,1$	$a=9.037\,5,b=2.744\,3$
Exp	$\mu=98.917\,2$	$\mu=47.446\,0$	$\mu=8.053\,7$
Norm	$\mu=98.917\,2,\sigma=12.311\,6$	$\mu=47.446\,0,\sigma=15.892\,8$	$\mu=8.053\,7,\sigma=2.974\,0$

在辨识得到各个分布模型未知参数的基础上,绘制了三种极值参数的概率密度曲线和累积概率密度曲线,如图 4.3 所示。

分析图 4.3(a)(b),最小空速极值的拟合中,可直观地看出 Weibull 模型、EV 模型、GEV 模型与样本的经验分布较为相近,而指数模型的拟合精度最差。从图 4.3(c)～(f)中可以看出,GEV 模型、Logn 模型的拟合精度最高,同样指数模型的拟合精度最差。图 4.3 直观地显示了不同分布模型的拟合情况,为进一步对比分析上述模型拟合样本数据的精度,下一节将采用多种拟合优度检验法,对比分析各个模型的拟合准确性。值得注意的是,最小空速极值具有显著的左尾分布特性,而滚转角极值和迎角极值具有显著的右尾分布特性,且三个样本参数极值的拟合精度最高的模型形式可能不同。

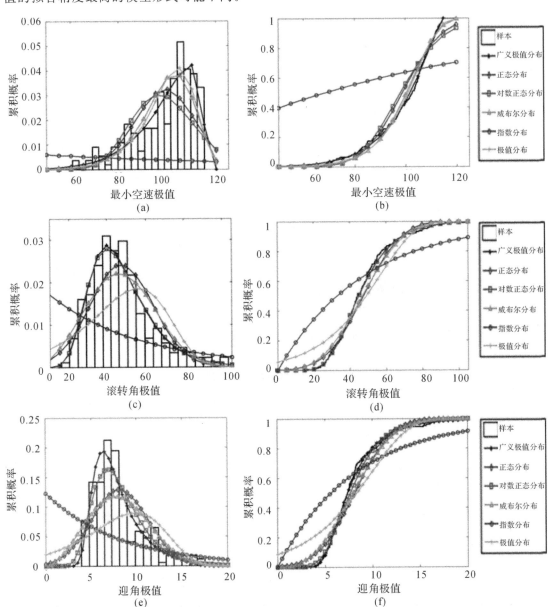

图 4.3　三种极值样本的概率密度曲线和累积概率曲线

4.3.2　一维最优风险模型检验

拟合优度检验是用来判别目标样本与指定理论分布吻合性的一种检验方法。1900 年，Karl Pearson 提出了卡方（chi‐square）拟合优度检验法，来解决分布拟合试验数据精度的问题，标志着近代数理统计的开端，此后拟合优度检验得到了快速发展，形成了多种检验方法和理论。常用的拟合优度检验法有图解法和解析法，如基于样本频数的 χ^2 检验法、Kolmogorov‐Smirnov（K‐S）检验法、Anderson‐Darling（A‐D）统计量检验法、QQ 图检验法、Kuiper 检验法、

Cramer - von Mises(CvM)型检验法和条件分布图形法等等。现就常用的几种拟合优度检验方法的计算过程介绍如下。

1. χ^2 检验法

单变量 χ^2 检验计算步骤如下：

(1) 将随机变量 X 的取值范围划分为 k 个互不相交的区间 $I_1,I_2,\cdots,I_k,I_i=(t_{i-1},t_i)$，记 p_i 为 X 落入区间 I_i 的概率，则 $p_i=F_0(t_i)-F_0(t_{i-1})$，$i=1,2,\cdots,k$。

(2) 记 n_i 为落在区间 I_i 内的 n 个样本观测值的个数，选取统计量为

$$\chi^2=\sum_{i=1}^{k}\frac{(n_i-np_i)^2}{np_i}\qquad(4.32)$$

对于给定的显著性水平 α，可通过查表确定临界值 $\chi^2_{1-\alpha}(k-1)$，使其满足 $P\{\chi^2>\chi^2_{1-\alpha}(k-1)\}=\alpha$。

(3) 决策，若 $\chi^2>\chi^2_{1-\alpha}(k-1)$，则拒绝 H_0，即不能认为随机变量 X 的分布函数是 $F_0(x)$。

2. A - D 检验法

A - D 检验法计算步骤如下：

(1) 将随机变量 X 按次序排列，记为 X_i。

(2) 给出 A - D 检验统计量，有

$$A_n^2=-n-\sum_{i=1}^{n}\frac{2i-1}{n}\{\ln[F(X_i)]+\ln[1-F(X_i)]\}\qquad(4.33)$$

(3) 计算 A - D 检验法公式为

$$A_n^2=n\int_{-\infty}^{\infty}[F_n(x)-F(x)]^2\omega(x)\mathrm{d}F(x)\qquad(4.34)$$

式中：$F(x)$ 为目标样本分布模型函数；$F_n(x)$ 为经验分布概率函数；$\omega(x)$ 为用来提高尾部分布的敏感性的权重函数。

$\omega(x)$ 的计算方法为

$$\omega(x)=[F(x)(1-F(x))]^{-1}\qquad(4.35)$$

3. K - S 检验法

K - S 检验法的计算步骤如下：

(1) 将随机样本观察值按次序从小到大排列，并构建统计量：

$$D_n=\max_i\{|F_n(x_{(i-1)})-F_0(x_i)|,|F_n(x_{(i)})-F_0(x_i)|\}\qquad(4.36)$$

(2) 给定显著水平 α，确定拒绝域 $R=\{D_n\geqslant D_{n,1-\alpha}\}$，一般样本容量 $n>40$。

(3) 决策：若 $D_n\in R$，则拒绝 H_0，即不能认为随机变量 X 来自理论分布函数 $F_0(x)$。

4. QQ 图检验法

QQ 图检验法的作图步骤如下：

(1) 计算目标样本分布模型和其标准分布模型的分位数函数，即 $Q_\theta(p)$ 与 $Q(p)$。

(2) 用极值样本的经验分位数函数 $\hat{Q}_n(p)$ 代替 $Q(p)$。

(3) 作出 $\hat{Q}_n\left(\dfrac{i}{n+1}\right)=X_{i,n}$ 与 $Q_\theta\left(\dfrac{i}{n+1}\right)$ 的散点图。

(4) 检查线性程度并做决策。

  QQ 图检验法的优点是能够直观地看出拟合程度的优劣性,但是对于拟合效果相近的情况,难以定量区分,因此该方法适合于拟合优度的初步判定。χ^2 检验法提供了定量判定依据,且适用范围较广,能够检验离散分布和连续分布的情况,但该方法受样本数据分组大小的影响较大,样本容量同时也影响判别的准确性。K-S检验法对样本容量要求不高,检验精度较高,但该方法也有一定的局限性,如待检验分布函数必须是连续的,必须检验制定的假设分布理论参数等。A-D检验法是在修正 K-S检验法的基础上提出的,具有更高的灵敏性,对样本数据尾部特性检验效果较好。因每种方法都有其自身的劣势和优势,因此在进行样本数据拟合优度检验时,易采用多种检验方法,从不同角度分析拟合精度。

  先通过 QQ 图检验法初步判定 6 种分布的拟合精度。在已知分布函数的未知参数取值后,可依据原样本极值参数绘制 QQ 图。从理论角度分析,当极值参数的分布函数为 $F(x;\theta_1,\theta_2,\cdots,\theta_m)$ 时,QQ 图中的图像应近似为一条直线,若图形偏离直线较大,则认为该种形式的分布不满足样本观测值分布特性。上述目标样本分布模型的 QQ 图如图 4.4 ～ 图4.6所示。

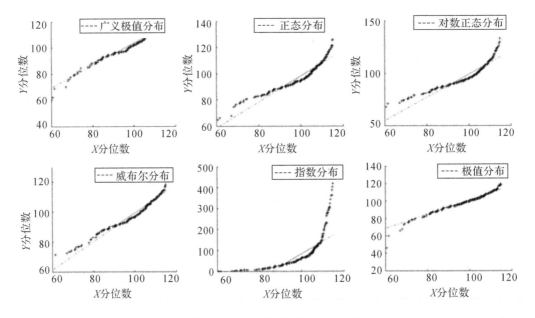

图 4.4 最小空速极值 QQ 检验图

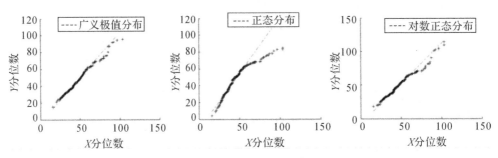

图 4.5 滚转角极值 QQ 检验图

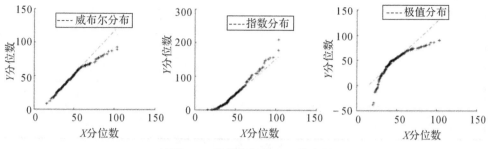

续图 4.5　滚转角极值 QQ 检验图

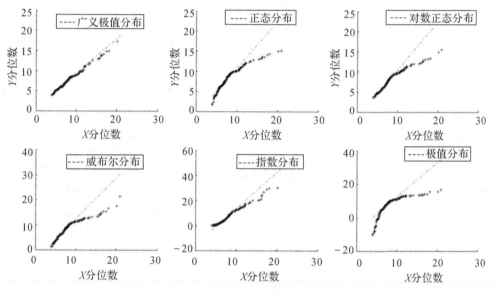

图 4.6　迎角极值 QQ 检验图

观察图 4.4 可知,Weibull 分布模型的 QQ 图更接近于直线,而其他分布模型的 QQ 图均不同程度的有偏离趋势,其中,GEV 和 EV 分布模型的偏离程度较低,而 NORM,LOGN 和 EXP 分布模型偏离较为严重。同理,观察图 4.5 和图 4.6 可知,GEV 模型分布的线性程度最高,拟合精度最高。从图 4.4～图 4.6 中同样可以发现,最小空速极值具有左侧尾部分布特性,而滚转角极值和迎角极值具有右侧尾部分布特性。

为了更精确地评价一维极值各个分布模型的拟合优度,运用常用的多种检验方法,进行综合评定,K-S 检验法、χ^2 检验法和 A-D 检验法的计算结果见表 4.2～表 4.4。

表 4.2　最小空速极值拟合优度检验

模 型	K-S	$P_{(K-S)}$	A-D	$P_{(A-D)}$	χ^2
EV	0.083 1	0.119 3	1.882 3	0.106 8	25.168 1
GEV	0.103 3	0.025 9	2.897 3	0.030 9	1.803 0
Long	0.146 5	0.000 3	7.579 5	0.000 2	3.898 7

续表

模　型	K－S	$P_{(K-S)}$	A－D	$P_{(A-D)}$	χ^2
Weibull	0.042 6	0.845 5	0.398 8	0.849 8	0.230 5
Exp	0.482 3	<0.000 1	71.181 0	<0.000 1	25.995 4
Norm	0.083 1	0.009 3	1.882 3	0.106 8	25.161 8

表 4.3　滚转角极值拟合优度检验

模　型	K－S	$P_{(K-S)}$	A－D	$P_{(A-D)}$	χ^2
EV	0.159 0	0.000 1	10.393 0	0	15.112 8
GEV	0.029 5	0.993 1	0.197 6	0.991 1	0.092 1
Long	0.034 5	0.965 0	0.220 1	0.983 9	0.087 6
Weibull	0.087 6	0.087 6	3.057 0	0.025 6	1.400 2
Exp	0.394 2	<0.000 1	43.537 4	<0.000 1	17.679 0
Norm	0.078 8	0.158 3	2.835 0	0.033 3	1.230 8

表 4.4　迎角极值拟合优度检验

模　型	K－S	$P_{(K-S)}$	A－D	$P_{(A-D)}$	χ^2
EV	0.260 6	<0.000 1	18.941 1	<0.000 1	15.529 5
GEV	0.051 6	0.641 3	0.557 4	0.688 9	0.208 9
Long	0.142 7	0.000 5	4.502 1	0.005 0	2.438 0
Weibull	0.171 1	<0.000 1	9.821 1	<0.000 1	5.238 5
Exp	0.454 8	<0.000 1	44.803 5	<0.000 1	18.106 3
Norm	0.194 1	<0.000 1	10.396 3	<0.000 1	5.662 1

　　由表 4.2 可以看出，EV 分布和 Weibull 分布的 K－S 检验值均小于 0.1，而 P 值均大于 0.05，说明在显著性置信水平 95% 的情况下，这两种分布模型能通过原假设，表明其拟合精度较 GEV 分布、Long 分布、Exp 分布较高。进一步分析，A－D 检验法对样本数据的尾部分布敏感度较高，而本书所研究的结冰遭遇情形下的飞行风险更加关注飞行安全关键参数的超限行为，因此，尤其关注分布函数的尾部特性。从表 4.2 的 A－D 检验结果来看，Weibull 分布和 EV 分布的检测值均较小，能够通过原假设，而 Weibull 分布的 P 值大于 0.05。因此，综合上述多种拟合优度检验法可得出，最小速度（加速度不变）极值符合 Weibull 分布形式。

　　同理，分析滚转角极值和迎角极值，GEV 分布在比 95% 的置信水平低的多的情况下也能顺利通过原假设。因此，可以得出结论，结冰遭遇情形下的飞行安全关键参数中，最小速度（加速度不变）极值符合 Weibull 分布，而滚转角极值和迎角极值符合 GEV 分布。需要说明的是，不同外部环境影响下的极值参数可能符合不同的分布形式，且不同风险事件下表征飞行安全的关键参数也可能不同。

4.4 基于一维极值的飞行风险概率

该次仿真的结冰条件下最小速度（加速度不变）极值服从 Weibull 分布，滚转角极值和迎角极值符合 GEV 分布，见下式：

$$F_{V_{\min}}(x) = \int_0^x 10.922\,5 \times 103.954\,7^{(-10.922\,5)} t^{10.922\,5-1} \exp\left[-\left(t/103.954\,7\right)^{10.922\,5}\right] dt$$

(4.37)

$$F_{\mathrm{roll}}(x) = \exp\left[-\left(1 + 0.001\,2 \times \frac{x - 40.257\,7}{12.387\,3}\right)^{-1/0.001\,2}\right]$$

(4.38)

$$F_{\mathrm{alpha}}(x;\xi,\mu,\sigma) = \exp\left[-\left(1 + 0.354\,6 \times \frac{x - 6.518\,8}{1.498\,9}\right)^{-1/0.354\,6}\right]$$

(4.39)

基于 3.6 节所提出的飞行风险判据，则三个极值模型计算的飞行风险概率分别为 0.055 6，0.026 8，0.005 1。参考 MIL-STD-882E，依据最小空速极值和滚转角极值计算的飞行风险达到了 B 级，而依据迎角极值计算的飞行风险达到了 C 级。不同的飞行参数计算的飞行风险差距较大，说明仅仅依靠单参数开展飞行风险定量评估是不全面的，有可能因为参数的选取问题而导致风险判定的不准确。此外，依靠单参数开展研究无法分析参数之间的相依性关系，而多参数条件下的联合分布形式考虑了参数间的相依性结构，能够分析表征参数耦合情形下的分布特征和飞行风险，因此第 5 章将重点考察极值参数之间的相依性结构，依据多元极值参数的联合分布情况求解飞行风险发生概率。当然，通过单参数求解的飞行风险发生概率同样具有重要意义，如本案例中非对称结冰条件下，驾驶员需要特别关注飞行速度（加速度不变），以防速度（加速度不变）过低导致失速，同时也要尽量保持横航向稳定，避免发生急剧滚转而失去对飞机的控制。

4.5 本 章 小 结

本章在第 3 章所提取的飞行安全关键参数极值样本的基础上，分析了飞参极值的尾部分布特性；提出了运用极值理论定量分析飞行风险发生概率的方法；构建了 6 种能够描述极值参数尾部分布特性的数学模型。通过参数辨识和运用 QQ 图检验法、K-S 检验法、χ^2 检验法、A-D检验法等多种拟合优度检验法，确定了非对称结冰遭遇条件下最小速度（加速度不变）极值符合 Weibull 分布，滚转角极值和迎角极值符合 GEV 分布。依据飞行风险判定条件，分别计算了基于一维极值参数的飞行风险发生概率。该方法较好地判别出非对称结冰遭遇情形下，最小空速和滚转角比迎角更敏感，驾驶员需要特别关注非对称结冰时的空速变化情况以避免飞机速度（加速度不变）过低而失速，同时要尽量保持横航向稳定以防飞机突然滚转丧失横航向操纵能力，进而导致飞机失控。同样需要注意的是，基于单极值评定的飞行风险不够全面和准确,可能因为飞行参数选择的不对而无法正确判定当前飞行安全性。而且,基于单极值参数开展的飞行风险定量分析无法描述参数之间的相依结构,而飞行参数之间的耦合性对飞行风险的判定影响较大。综合上述原因,有必要研究考虑多元参数相依性结构的多维飞行参数联合分布特性,综合多个飞参极值信息确定结冰遭遇条件下的飞行风险发生概率。

第 5 章 基于多元极值理论的结冰飞行风险量化确定方法

飞机在复杂多变的大气环境中运行,影响飞行安全的因素众多,仅仅依靠一维飞行参数极值进行飞行风险评估具有较强的局限性,如第 4 章所分析的,不同的飞参极值计算出的飞行风险概率相差较大,难以全面有效地预测飞行风险。因此有必要开展基于多元极值的结冰条件下飞行风险确定方法的研究。本章在分析多元飞行参数研究必要性的基础上,对比分析当前常用的多元分析方法,选取针对极值理论而提出的 Copula 函数法,其更适用于进行结冰条件下多因素耦合情形的飞行风险评定。Copula 函数能够描述极值参数之间的联合分布情况和发展趋势,而当前常用的广义 Copula 函数,无法完整合理地描述结冰遭遇情形下各飞行参数极值间的相关性,因此需要构建合适的多元极值参数 Copula 模型。

5.1 研究多元飞参极值的必要性

飞机在复杂多变的环境中飞行,外部影响因素多种多样,包括突风、紊流、雨雪等,具有强烈的随机性和不确定性,对动态飞行安全威胁较强;飞机本体是一个庞大的复杂综合系统,任意分系统中的故障基元,经过多回路耦合,可能导致不可逆的事故链,诱发重大的飞行风险;外部环境、飞机本体和驾驶员操纵是一个深度耦合的复杂闭环系统,三者相互制约、相互作用、相互协调,因此制约飞行安全的因素众多。重要的是,不同类型的飞行风险,其表征参数也不尽相同。

基于上述原因,仅仅依据单个飞行参数极值开展飞行风险评估,难以全面有效地描述飞行安全特性,而采用多个飞行参数极值进行综合评定,则能够充分利用飞行参数所蕴含的飞行风险信息。由于各个飞行参数之间具有强烈的相关性,故不能运用多个飞行参数极值分别计算飞行风险,即可能出现两个飞行参数均未超限而其组合在一起时具有较强的飞行风险。因此,需要运用多元参数分析方法,分析多个飞行参数极值间的相关性,探索其联合分布规律,在多个参数深度耦合的情况下综合评定飞行风险。当前运用多元参数进行风险预测和评定,如自然灾害、股市收益和损失预测等,是风险预测领域的发展趋势。

结冰遭遇情形下的飞行风险,具有强烈的随机性和不确定性,影响因素众多且深度耦合在一起。因此,有必要综合考虑多个飞行极值参数耦合情形下的飞行风险,全面、合理地量化飞行风险概率。5.2 节将重点对比分析当前常用的多元统计分析方法,选择适用于多元飞参极值尾部特性的多元分析方法。

5.2 多元分析方法分析

选用单个变量进行复杂系统风险评定,无法全面、准确合理地描述系统安全运行情况。因此,研究多元参数的风险量化确定方法是多个领域研究风险预测与风险概率分析的主要发展趋势。本书所研究的结冰遭遇情形下的飞行风险量化工作亦属于复杂系统风险预测研究范畴。

而构建多维联合分布函数是进行结冰遭遇情形下飞行风险分析计算的前提和核心内容,也是最近几年的研究热点。目前,两个变量联合分布的研究较多,其应用较为广泛,而多维变量联合分布的研究和应用较少。

当前研究较多的多维联合分布分析方法主要有 Moran 法、FEI 法、FGM 法、EFM 法、TAN 法以及非参数法等。多维联合分布研究的初始阶段主要是采用多元概率分布函数的方法,20 世纪 90 年代以后,非参数方法因构造简单,计算简便,受到了广大学者的青睐,推广应用到了许多领域。21 世纪以来,国内外开始广泛关注 Copula 函数法,并将其引入自然灾害预测、金融风险预测等相关领域。至此,运用多维联合分析法开展风险概率分析与计算进入了一个崭新的阶段。现就常用的多元分析方法进行分析比较。

1. Moran 法

Moran 法能够快速建立多个具有正态边缘分布的变量参数的联合分布。如果变量参数不是正态分布,则构建联合分布模型十分烦琐。多维联合分布密度函数可表示为

$$f(x_1,x_2,\cdots,x_n) = \frac{1}{(2\pi)^{n/2}\Sigma^{1/2}}\exp\left(-\frac{1}{2}x - \mu^{\mathrm{T}}\Sigma^{-1}x - \mu\right) \tag{5.1}$$

式中:$x_1,x_2,\cdots,x_n$ 为具有正态边缘分布的变量参数;Σ 为协方差矩阵;$\mu = (\mu_1,\mu_2,\cdots,\mu_n)^{\mathrm{T}},x = (x_1,x_2,\cdots,x_n)^{\mathrm{T}}$。

常使用多项式变换法、Box-Cox 变换法转换非正态分布变量,但转换过程中难免导致数据信息失真。

2. FEI 法

FEI 法是将多元随机变量转换为一元随机变量的计算方法。其多维联合分布的计算公式为

$$P(X_1 \geqslant x_1, X_2 \geqslant x_2, \cdots, X_n \geqslant x_n) = P(Z \geqslant z) \tag{5.2}$$

该方法计算相对简便,但不易得到联合概率密度函数的数学表达式,因此,也使概率分布曲线的外延精度受到限制。

3. FGM 法

FGM 法适用于描述两变量间的弱相关关系。其联合概率密度函数为

$$f(x_1,x_2) = f_{x_1}(x_1)f_{x_2}(x_2)\{1+3\rho[1-2F_{x_1}(x_1)][1-2F_{x_2}(x_2)]\} \tag{5.3}$$

其联合分布函数为

$$F(x_1,x_2) = F_{x_1}(x_1)F_{x_2}(x_2)\{1+3\rho[1-2F_{x_1}(x_1)][1-2F_{x_2}(x_2)]\} \tag{5.4}$$

式中:ρ 为相关系数;$f_{x_1}(x_1),f_{x_2}(x_2)$ 分别为变量的分布密度函数;$F_{x_1}(x_1),F_{x_2}(x_2)$ 分别为相应变量的累积分布函数。由于 FGM 法仅能描述弱相关关系,且拓展能力有限,因此不适

于本书研究。

4. EFM 法

EFM 法在工程实践中应用较多。当随机变量维数较低而数据量较大时,可选择 EFM 法。举例说明如下:

按升序排列样本 X 和 Y,观测值 (x_i, y_i) 的概率为

$$P(x_i, y_i) = P(X = x_i, Y = y_i) = n_{ij}/(N+1) \tag{5.5}$$

式中:N 为样本个数;n_{ij} 为观测值 (x_i, y_i) 的发生次数。

则其累积经验概率为

$$F(x_i, y_i) = P(X \leqslant x_i, Y \leqslant y_i) = \sum_{m=1}^{i} \sum_{n=1}^{i} n_{mn}/(N+1) \tag{5.6}$$

EFM 法原理清晰、计算简便。但该方法对样本数据量要求较高,当样本容量较小或存在数据缺失时,该方法的计算精度无法保证,且不具备外延能力。

5. 非参数法

非参数法不需要假设变量的分布形式,克服了常规方法中频率计算线性选择的主观性,由数据驱动,相对客观真实地反映了样本数据所蕴含的信息。其中应用较多的是非参数核估计法,其概率密度为

$$f(x_1, x_2, \cdots, x_n) = \frac{1}{nh^n \det(\boldsymbol{\Sigma})^{1/2}} \sum_{i=1}^{m} k\left[\frac{(\boldsymbol{x} - \boldsymbol{\mu})^{\mathrm{T}} \boldsymbol{\Sigma}^{-1} (\boldsymbol{x} - \boldsymbol{\mu})}{h^2}\right] \tag{5.7}$$

式中:n 为向量个数;m 为样本容量。

非参数具有较高的稳健性,不需要已知样本总体分布形式,具有良好的统计特性。但该方法的预测能力不够,且无法确定联合分布的边缘分布类型。

6. Copula 函数法

1959 年,Sklar 提出 Copula 理论,但直到 21 世纪初期才引起广泛重视,并开始应用于金融、证券及其风险预测分析中。随着所研究系统的复杂性逐步提高,多因素耦合作用逐步增强,基于一元模型或线性相关性分析方法已经无法满足变量间相依性关系的研究需求,而 Copula 理论具有研究非线性、非对称性和尾部相关性的优良特性,逐步成为多元参数深度耦合情形下的联合分布研究手段。

基于 Copula 函数理论所构建的联合概率分布模型,不限制变量间的边缘分布类型,能够准确描述不同变量间的相依性结构,且较容易构建多维联合分布,应用前景广阔。

多元极值理论能够突破一元变量描述多元变量相关结构构建的局限性,较好地反映多元变量间的联系与发展趋势。因此,多元极值 Copula 理论是论文研究的重点理论,基于多元极值 Copula 模型的结冰条件下飞行风险量化确定方法是本书的主要创新工作之一。

5.3　联合分布理论及联结函数

"Copula" 是一个拉丁词汇,其本意是"联结、结合",是在分析多维分布函数与低维边缘之间关系时引入的,也是多元极值理论相依性函数的度量方法。Sklar 提出的 Copula 理论能够描述 n 个变量间的相关结构,能够将变量的边缘分布函数与其联合分布有效地联结在一起,故

也称作联结函数。

5.3.1 Copula 理论研究相依结构的优势

传统的线性相关系数研究中,Granger 提出的因果关系分析方式是常用的分析方法,在投资组合、资产定价等金融领域得到了推广应用。但传统的线性相关系数只能定性描述变量的因果关系,无法量化描述。以线性相关系数 ρ 为例,仅能描述变量间的线性相关程度,无法全面表征变量间的相关性。如 $X \sim N(0,1)$,$Y = X^2$,则 $\rho_{X,Y} = 0$。但显然,变量 X 和 Y 存在强烈的非线性相关关系。另外,线性相关性计算的前提是变量方差存在且有界,但对于具有厚尾特性分布的变量,其方差有时不存在,这极大地限制了线性相关系数的应用范围。

Copula 理论能够表征各变量边缘分布并构建成新的联结函数,突破了传统相关分析法不能有效衡量变量间相关关系的局限性,为复杂变量间的相关性研究提供了理论支撑和分析方法。Copula 函数法的优越性主要包括以下几点:

(1)不限制边缘分布类型。

(2)在变量单调增变换下,函数形式保持不变,所以由 Copula 函数的相关性测度值在变量单调增变换下同样保持不变,如 Kendall 的 τ,Spearman 的 ρ 等。Copula 这一性质为研究变量之间的相关性提供了理论支撑。

(3)便于分别研究变量的边缘分布和联合分布。

(4)Copula 函数形式多样,能够构建对称性和非对称性结构,上尾和下尾相依性结构及其混合结构等,能够对变量之间的非线性、非对称性、上尾和下尾相依性及其混合相依关系进行相依性分析。

因此,Copula 理论适用于对多元飞行参数极值进行建模,分析不同极值参数的分布形式及其联合函数分布形式,便于定量预测飞行风险概率,判别制约飞行安全的关键参数,阐明诱发飞行风险的事故机理。

5.3.2 Copula 函数的定义和相关定理

在数学范畴中,Copula 函数描述的是多元随机变量的一维边缘分布与其联合分布之间的相关性。本书研究的结冰遭遇情形下的飞行参数变化情况是连续分布的,故先给出连续型分布函数的边缘分布的定义和相关性质(定义 5.1),在此基础上,定义 5.2 给出了 Copula 函数的数学定义和基本性质。

定义 5.1:设连续随机变量 X 的定义域为 R,则其边缘分布函数 $F(x)$ 具有以下性质:

(1)$F(x)$ 是非减函数;

(2)$0 \leqslant F(x) \leqslant 1$,且 $F(-\infty) = 0$,$F(\infty) = 1$。

定义 5.2:N 元 Copula 函数 C 性质:

(1)$C = I^N = [0,1]^N$;

(2)C 在定义域内严格递增;

(3)C 的边缘分布 $C_n(\cdot)$ 满足:$C_n(u_n) = C(1, \cdots, 1, u_n, 1, \cdots, 1) = u_n$,且 $u_n \in [0,1]$,$N \in [1, N]$。

可以得出,对于一元分布函数 $F_1(x_1),F_2(x_2),\cdots,F_N(x_N)$,假设任一变量的边缘分布函数为 $u_n=F_n(x_n)$,则 $C(F_1(x_1),F_2(x_2),\cdots,F_N(x_N))$ 为含有 $F_1(x_1),F_2(x_2),\cdots,F_N(x_N)$ 的多元联合分布函数。

定理 5.1(Sklar 定理):假设联合分布函数 F 具有边缘分布函数 $F_1(x_1),F_2(x_2),\cdots,F_N(x_N)$,则 $\exists n-Copula$ 函数 C,满足:

$$F(x_1,x_2,\cdots,x_n)=C(F_1(x_1),F_2(x_2),\cdots,F_N(x_N)) \tag{5.8}$$

若 $F_1(x_1),F_2(x_2),\cdots,F_N(x_N)$ 连续,则 C 唯一确定。

推论:假设 F 为具有边缘分布 $F_1(x_1),F_2(x_2),\cdots,F_N(x_N)$ 的联合分布函数,C 为相应的 $Copula$ 函数,$F_1^{-1}(x_1),F_2^{-1}(x_2),\cdots,F_N^{-1}(x_N)$ 分别为 $F_1(x_1),F_2(x_2),\cdots,F_N(x_N)$ 的伪逆函数,则对于函数 C 定义域内的 $\forall(u_1,u_2,\cdots,u_N)$,有

$$C(u_1,u_2,\cdots,u_N)=F(F_1^{-1}(u_1),F_2^{-1}(u_2),\cdots,F_N^{-1}(u_N)) \tag{5.9}$$

同理,$F(x_1,x_2,\cdots,x_N)$ 的密度函数为

$$f(x_1,x_2,\cdots,x_N)=c[F_1(x_1),F_2(x_2),\cdots,F_N(x_N)]\prod_{n=1}^{N}f_n(x_n) \tag{5.10}$$

式中:$c(u_1,u_2,\cdots,u_N)=\dfrac{\partial C(u_1,u_2,\cdots,u_N)}{\partial u_1,\partial u_2,\cdots,\partial u_N}$。

通过上述定义、定理和推论可以看出,Copula 函数能够有效地分析多维联合分布,能够直接分析多元分布相依结构而不必纠结于各随机变量的边缘分布形式。这对研究具有不同边缘分布随机变量的联合分布情况具有重要意义。通过上文分析,最小速度(加速度不变)极值与滚转角极值和迎角极值的分布类型不同且极向相异,而 Copula 函数能够有效地构建其联合分布函数,对于研究飞行安全关键参数极值间的相依性结构提供了有力的工具。此外,Copula 函数可以用来分析极值参数之间的非线性、非对称性以及尾部相关关系,极大地提高了 Copula 函数的分析效率和应用范围。通过分开研究变量的边缘分布和变量间的相依性结构,极大地降低了多维概率模型构建的难度和计算量,使得建模过程和分析过程更加清晰、明了,具有明确的物理意义。在给出 Copula 函数定义的基础上,5.3.3 节主要分析 Copula 函数的常用性质,而这些优良的特性正是 Copula 函数得到广泛应用的基础。

5.3.3　Copula 函数构建方法

先介绍 Copula 函数的几点性质,以二维 Copula 函数 $C:[0,1]^2\rightarrow[0,1]$ 为例,设 u,v 分别代表两个变量的边缘分布函数,其主要性质如下:

(1) 对于 $u,v,C(u,v)$ 在其定义域内均是严格单调递增函数。

(2) 对于 $u\in[0,1],v\in[0,1]$,有

$$C(u,0)=C(0,v);C(u,1)=F(u) \tag{5.11}$$

式(5.11)说明,当某一变量边缘分布为 0 时,联合概率分布同样为 0。

(3) 对于 $u_1\in[0,1],u_2\in[0,1],v_1\in[0,1],v_2\in[0,1]$,且 $u_1<u_2,v_1<v_2$,有

$$C(u_2,v_2)-C(u_2,v_1)-C(u_1,v_2)+C(u_1,v_1)\geqslant 0 \tag{5.12}$$

式(5.12)说明,若 u,v 同时增大则其联合分布函数 $C(u,v)$ 亦增大。

(4) 当 u,v 相互独立时,$C(u,v)=uv$。

（5）二维 Archimedean 族 Copula 函数 C 具有对称性和结合性，便于向高维联合分布函数拓展：

$$C(u,v) = C(v,u), \quad C[C(u,v),w] = C[u,C(v,w)], \quad \forall\, u,v,w \in [0,1] \quad (5.13)$$

运用上述 Copula 函数的基本性质，可以方便地构造适用于具体研究背景的联合分布 Copula 函数。其构建步骤（见图 5.1）如下：

（1）根据研究对象，各变量的观测值序列，确定各变量的分布类型和分布形式；

（2）变量间的相关性度量；

（3）依据变量间的相关性结构，初步选择 Copula 模型，并进行参数估计计算；

（4）基于拟合优度检验，输出最优 Copula 模型。

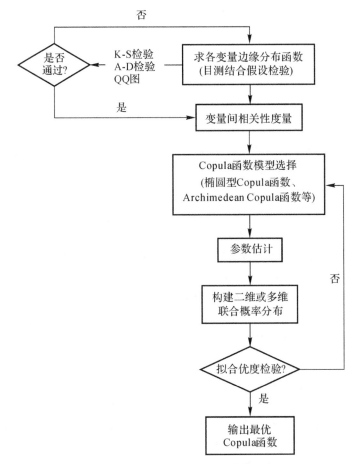

图 5.1　Copula 函数模型构建流程图

在明确了 Copula 函数的基本性质及构建方法的基础上，下述介绍应用较为广泛的 Archimedean 族 Copula 函数。

5.3.4　Archimedean 族 Copula 函数

因为 Copula 函数能够有效地构建多个变量边缘分布与其联合分布之间关系的数学模型，

所以受到了大量学者的关注。其中，Archimedean 族 Copula 函数因其结构简单多样，适用范围广，计算相对简便，且更加容易扩展到高维空间，得到了广泛的应用。目前已经提出并经过验证的 Archimedean 族 Copula 函数有 22 种之多，分别适用于描述不同相关性结构和边缘分布类型，见表 5.1。

定义 5.3：Genest 和 Mackay 定义了 Archimedean Copula 函数：

$$c(u_1, u_2, \cdots, u_N) = \varphi^{-1}\left[\varphi(u_1) + \varphi(u_2) + \cdots + \varphi(u_N)\right] \tag{5.14}$$

式中：$\varphi(\cdot)$ 称为母函数，满足 $\sum_{n=1}^{N} \varphi(u_n) \leqslant \varphi(0)$，且 $\varphi(u)$ 是凸的减函数。

分析 Archimedean Copula 函数的定义可知，Archimedean Copula 函数是由相应的母函数唯一确定的，几种使用较为广泛的单参数 Archimedean Copula 函数及其母函数和参数取值范围见表 5.1。如 Gumbel Copula 函数的母函数为 $\varphi(u) = (-\ln u)^{1/\theta}$，$0 < \theta \leqslant 1$；Clayton Copula 函数的母函数为 $\varphi(u) = u^{-\theta} - 1$，$\theta > 1$。

Archimedean Copula 函数具有诸多优良的性质，使得其在实际应用中占有非常重要的地位，具体如下：

(1) 对称性，即 $C(u, v) = C(v, u)$；

(2) 可结合性，即 $C[C(u, v), w] = C[u, C(v, w)]$；

(3) 单参数的 Archimedean Copula 函数计算简单。

表 5.1　常用的单参数 Archimedean Copula 函数

序　号	$C_\theta(u, v)$ 模型	母函数	参数取值范围
1	$\max\left[(u^{-\theta} + v^{-\theta} - 1)^{\frac{1}{\theta}}, 0\right]$	$\dfrac{1}{\theta}(t^{-\theta} - 1)$	$[-1, \infty)$ $\backslash \{0\}$
2	$\max\left\{1 - \left((1-u)^\theta + (1-v)^\theta\right)^{\frac{1}{\theta}}, 0\right\}$	$(1-t)^\theta$	$[1, \infty)$
3	$\dfrac{uv}{1 - \theta(1-u)(1-v)}$	$\ln\dfrac{1 - \theta(1-t)}{t}$	$[-1, 1)$
4	$\exp\left\{-\left[(-\ln u)^\theta + (-\ln v)^\theta\right]^{\frac{1}{\theta}}\right\}$	$(-\ln t)^\theta$	$[1, \infty)$
5	$-\dfrac{1}{\theta}\ln\left[1 + \dfrac{(e^{-\theta u} - 1)(e^{-\theta v} - 1)}{e^{-\theta} - 1}\right]$	$-\ln\dfrac{e^{-\theta t} - 1}{e^{-\theta} - 1}$	$(-\infty, \infty)$ $\backslash \{0\}$
6	$1 - \left[(1-u)^\theta + (1-v)^\theta - (1-u)^\theta(1-v)^\theta\right]^{\frac{1}{\theta}}$	$-\ln\left[1 - (1-t)^\theta\right]$	$[1, \infty)$
7	$\max\left[\theta uv + (1-\theta)(u+v-1), 0\right]$	$-\ln\left[\theta t + (1-\theta)\right]$	$(0, 1]$
8	$\max\left[\dfrac{\theta^2 uv - (1-u)(1-v)}{\theta^2 - (\theta-1)^2(1-u)(1-v)}, 0\right]$	$\dfrac{1-t}{1 - (\theta-1)t}$	$[1, \infty)$
9	$uv\exp(-\theta \ln u \ln v)$	$\ln(1 - \theta \ln t)$	$(0, 1]$
10	$\dfrac{uv}{\left[1 + (1-u^\theta)(1-v^\theta)\right]^{\frac{1}{\theta}}}$	$\ln(2t^{-\theta} - 1)$	$(0, 1]$
11	$\max\left\{\left[u^\theta v^\theta - 2(1-u^\theta)(1-v^\theta)\right]^{\frac{1}{\theta}}, 0\right\}$	$\ln(2 - t^\theta)$	$\left(0, \dfrac{1}{2}\right]$

续表

序 号	$C_\theta(u,v)$ 模型	母函数	参数取值范围
12	$\left\{1+\left[(u^{-1}-1)^\theta+(v^{-1}-1)^\theta\right]^{\frac{1}{\theta}}\right\}^{-1}$	$\left(\dfrac{1}{t}-1\right)^\theta$	$[1,\infty)$
13	$\exp\left\{1-\left[(1-\ln u)^\theta+(1-\ln v)^\theta-1\right]^{\frac{1}{\theta}}\right\}$	$(1-\ln t)^\theta$	$(0,\infty)$
14	$\left\{1+\left[(u^{\frac{1}{\theta}}-1)^\theta+(v^{\frac{1}{\theta}}-1)^\theta\right]^{\frac{1}{\theta}}\right\}^{-\theta}$	$(t^{\frac{1}{\theta}}-1)^\theta$	$[1,\infty)$
15	$\max\left(\left\{1-\left[(1-u^{\frac{1}{\theta}})^\theta+(1-v^{\frac{1}{\theta}})^\theta\right]\right\}^\theta,0\right)$	$(1-t^{\frac{1}{\theta}})^\theta$	$[1,\infty)$
16	$\dfrac{1}{2}\left(S+\sqrt{S^2+4\theta}\right)\ S=u+v-1-\theta\left(\dfrac{1}{u}+\dfrac{1}{v}-1\right)$	$\left(\dfrac{\theta}{t}+1\right)(1-t)$	$[0,\infty)$
17	$\left\{1+\dfrac{\left[(1+u)^{-\theta}+(1+v)^{-\theta}-1\right]}{2^{-\theta}-1}\right\}-1$	$-\ln\dfrac{(1+t)^{-\theta}-1}{2^{-\theta}-1}$	$(-\infty,-\infty)\setminus\{0\}$
18	$\max\left\{1+\theta/\ln\left[e^{\frac{\theta}{(u-1)}}+e^{\frac{\theta}{(v-1)}}\right],0\right\}$	$e^{\frac{\theta}{t-1}}$	$[2,\infty)$
19	$\dfrac{\theta}{\ln(e^{\frac{\theta}{u}}+e^{\frac{\theta}{v}}-e^\theta)}$	$e^{\frac{\theta}{t}}-e^\theta$	$(0,\infty)$
20	$\left\{\ln\left[\exp(u^{-\theta})+\exp(v^{-\theta})-e\right]\right\}^{\frac{1}{\theta}}$	$\exp(t^{-\theta})-e$	$(0,\infty)$
21	$1-\left[1-\left(\max\left\{\left[1-(1-u)^\theta\right]^{\frac{1}{\theta}}+\left[1-(1-v)^\theta\right]^{\frac{1}{\theta}}-1,0\right\}\right)^\theta\right]^{\frac{1}{\theta}}$	$1-\left[1-(1-t)^\theta\right]^{\frac{1}{\theta}}$	$[1,\infty)$
22	$\max\left(\left[1-(1-u)^\theta\sqrt{1-(1-v)^\theta}-(1-v)^\theta\sqrt{1-(1-u)^\theta}\right]^{\frac{1}{\theta}},0\right)$	$\arcsin(1-t^\theta)$	$(0,1]$

5.4 多元极值 Copula 函数拟合优度判别准则

Copula 函数能够在线性相关系数无法正确度量变量之间关系时,为描述变量间的相依性结构提供理论支撑。但是 Copula 函数类型和分布形式较多,不同的 Copula 模型分析的结果可能截然不同。因此,需要判别不同模型的描述精度,即拟合优度检验。针对多元极值变量拟合优度检验问题,许多学者开展了大量研究。当前常用的检验方法包括经验分布函数解析法、χ^2 检验法、基于似然函数的 AIC 准则检验法,BIC 信息准则检验法、Klugman-Parsa 检验法等等。现针对常用的几种检验法进行分析。

AIC 和 BIC 信息准则检验法是以信息的度量来评判 Copula 函数拟合的优劣依据。AIC 值和 BIC 值越小,说明待检验 Copula 函数比似然函数更逼近于样本理论分布。设极值样本为 $(x_1,y_1),\cdots,(x_n,y_n)$,其边缘分布函数分别为 $u_i=F_1(x_i)$ 和 $v_i=F_2(y_i)$,则 AIC 准则和 BIC 准则的计算公式为

$$\text{AIC}=-2\sum_{i=1}^{n}\lg c(u_i,v_i;p)+2k \tag{5.15}$$

$$BIC = -2 \sum_{i=1}^{n} \lg c(u_i, v_i; p) + k \log n \tag{5.16}$$

$$c(u_i, v_i; p) = \frac{\partial^2}{\partial u \partial v} C(u_i, v_i; p), i = 1, \cdots, n \tag{5.17}$$

式中：k 为 Copula 函数未知参数个数；n 表示样本容量。

Klugman-Parsa 检验法是利用 Copula 函数的性质，将多元极值联合分布拟合优度检验问题转化到一维情况下，运用 K-S 检验法进行评判。由 Copula 函数的性质可知，其边缘分布均满足 $U(0,1)$。因此将极值样本带入到 $C_1(F_1(x), F_2(y))$ 中，得到 $C_{1i} = C_1(F_1(x_i), F_2(y_i))$，在指定置信水平下运用 K-S 检验法检验 C_{1i} 的分布形式是否满足 $U(0,1)$，据此评判 Copula 函数对极值样本的拟合精度。

多元参数情况下的 χ^2 检验法是由单参数发展过来的，将单参数的一维区域划分拓展到高维网络拓扑划分中，以二元参数为例，设 $G(i,j)$ 表示 i 行 j 列的网格单元，A_{ij} 表示位于 $G(i,j)$ 内的样本点数，B_{ij} 表示预测的落在 $G(i,j)$ 内的样本点数，所以其统计量为

$$\chi^2 = \sum_{i=1}^{K} \sum_{j=1}^{K} \frac{(A_{ij} - B_{ij})^2}{B_{ij}} \tag{5.18}$$

且服从 $\chi^2[(K-1)^2 - p - 1]$。p 代表模型的参数。对于给定的显著性水平 α，如 $\chi^2 > \chi_\alpha^2[(K-1)^2 - p - 1]$，则拒绝原假设。

5.5　结冰遭遇情形下三维极值参数 Copula模型

在第 4 章分析的基础上可知，结冰遭遇情形下的飞行参数极值样本中，以比 95% 的置信水平低得多的情况下，最小空速极值符合 Weibull 分布，滚转角极值和迎角极值符合 GEV 分布，因此，由 Sklar 定量和 Copula 函数的基本性质可知，一定存在一个 Copula 函数 C，满足

$$C(F_1(V_{\min}), F_2(\phi_{\max}), F_3(\alpha_{\max})) = F(V_{\min}, \phi_{\max}, \alpha_{\max}) \tag{5.19}$$

根据 Archimedean 族 Copula 函数的性质，可通过母函数生成高维 Copula 函数以描述多维变量之间的相依结构。m 维情况下的非对称 Archimedean 族 Copula 函数的结构见下式：

$$C(u_1, \cdots, u_m) = C_1\{u_m, C_2[u_{m-1}, \cdots, C_{m-1}(u_2, u_1)]\} =$$
$$\varphi_1^{-1}[\varphi_1(u_m) + \varphi_1\{\varphi_2^{-1}(\varphi_2(u_{m-1}) + \cdots + \varphi_{m-1}^{-1}[\varphi_{m-1}(u_2) + \varphi_{m-1}(u_1)]\})] \tag{5.20}$$

基于此，需要构建适合描述极值变量相依结构的 Archimedean 族 Copula 函数。

对于所要研究的三维非对称 Archimedean Copula 函数，式(5.20)可以简化为

$$C(u, v, w) = C_1[w, C_2(u, v)] = \varphi_1^{-1}\{\varphi_1(w) + \varphi_1\varphi_2^{-1}[\varphi_2(u) + \varphi_2(v)]\} \tag{5.21}$$

式中：$\varphi(\cdot)$ 为阿基米德 Copula 生成函数；u, v, w 分别为样本最小空速极值、滚转角极值和迎角极值的边缘分布，即 $u = F_2(V_{\min})$，$v = F_2(\phi_{\max})$，$w = F_3(\alpha_{\max})$。

通过 u 和 v 生成函数 φ_2，之后通过 w 和 φ_2 生成 φ_1。φ_2 和 φ_1 分别对应 Copula 函数 C_2 和

C_1，假设其参数分别为 θ_1 和 θ_2，则依据式（5.21）将 $C_2(u,v;\theta_1)$ 代入 $C_1(w,C_2;\theta_2)$，即可计算得到三维 Copula 函数模型。通过该方法可计算相应的高维 Copula 函数模型。

相应的三维 Copula 模型的密度函数可表示为

$$c(u_i,v_i,w_i;\theta_1,\theta_2,\theta_3,\theta_4)=\frac{\partial^3}{\partial u \partial v \partial w}C(u_i,v_i,w_i;\theta_1,\theta_2,\theta_3,\theta_4) \tag{5.22}$$

其推导过程见下式：

$$\left.\begin{array}{l}\dfrac{\partial C}{\partial u}=\dfrac{\partial C_1}{\partial C_2}\dfrac{\partial C_2}{\partial u} \\[2mm] \dfrac{\partial^2 C}{\partial u \partial v}=\dfrac{\partial^2 C_1}{\partial^2 C_2}\dfrac{\partial C_2}{\partial u}\dfrac{\partial C_2}{\partial v}+\dfrac{\partial C_1}{\partial C_2}\dfrac{\partial^2 C_2}{\partial u \partial v} \\[2mm] \dfrac{\partial^3 C}{\partial u \partial v \partial w}=\dfrac{\partial^3 C_1}{\partial^2 C_2 \partial w}\dfrac{\partial C_2}{\partial u}\dfrac{\partial C_2}{\partial v}+\dfrac{\partial^2 C_1}{\partial C_2 \partial w}\dfrac{\partial^2 C_2}{\partial u \partial v}\end{array}\right\} \tag{5.23}$$

对于本书三维极值参数的 Copula 模型选择，主要有 Gumbel Copula 模型、Frank Copula 模型、Clayton Copula 模型、GS Copula 模型及 Joe Copula 模型。其母函数和 Copula 三维模型见下式：

Gumbel Copula：

$$\left.\begin{array}{l}C(u,v,w)=\exp(-\left\{(-\ln w)^{\theta_2}+\left[(-\ln u)^{\theta_1}+(-\ln v)^{\theta_1}\right]^{\frac{\theta_2}{\theta_1}}\right\}^{\frac{1}{\theta_2}}) \\[2mm] \varphi(t)=(-\ln t)^{\theta}\end{array}\right\} \tag{5.24}$$

Frank Copula：

$$\left.\begin{array}{l}C(u,v,w)=-\dfrac{1}{\theta_2}\log\{1-(1-e^{-\theta_2})^{-1}(1-e^{-\theta_2 w})(1-[1-(1-e^{-\theta_1})^{-1} \\[2mm] \qquad (1-e^{-\theta_1 u})(1-e^{-\theta_1 v})]^{\frac{\theta_2}{\theta_1}})\} \\[2mm] \varphi(t)=\ln\dfrac{1-e^{-\alpha}}{1-e^{-\theta}}\end{array}\right\} \tag{5.25}$$

Clayton Copula：

$$\left.\begin{array}{l}C(u,v,w)=\left[w^{-\theta_2}+(u^{-\theta_1}+v^{-\theta_1}-1)^{\frac{\theta_2}{\theta_1}}-1\right]^{\frac{-1}{\theta_2}} \\[2mm] \varphi(t)=\dfrac{1}{\theta}(t^{-\theta}-1)\end{array}\right\} \tag{5.26}$$

GS Copula：

$$\left.\begin{array}{l}(u,v,w)=\left\{1+\left[\left(\dfrac{1}{w}-1\right)^{\theta_2}+\left(\left(\dfrac{1}{u}-1\right)^{\theta_1}+\left(\dfrac{1}{v}-1\right)^{\theta_1}\right)^{\frac{\theta_2}{\theta_1}}\right]^{\frac{1}{\theta_2}}\right\}^{-1} \\[2mm] \varphi[t]=\left(\dfrac{1}{t}-1\right)^{\theta}\end{array}\right\} \tag{5.27}$$

Joe Copula：

$$\left.\begin{array}{l}C(u,v,w)=1-\left\{\left[(1-u)^{\theta_1}(1-(1-v)^{\theta_1})+(1-v)^{\theta_1}\right]^{\frac{\theta_2}{\theta_1}}(1-(1-w)^{\theta_2})+ \\[2mm] \qquad (1-w)^{\theta_2}\right\}^{\frac{1}{\theta_2}} \\[2mm] \varphi(t)=-\ln[1-(1-t)^{\theta}]\end{array}\right\} \tag{5.28}$$

运用边缘分布推断法辨识上述五种 Copula 模型中的未知参数,见表 5.2。

表 5.2　参数辨识结果

Copula 模型	辨识参数	
Clayton Copula	$\theta_1 = 9.262\,0$	$\theta_2 = 9.078\,7$
Gumbel Copula	$\theta_1 = 1.725\,1$	$\theta_1 = 2.482\,5$
Frank Copula	$\theta_1 = 40.062\,1$	$\theta_1 = 35.323\,5$
Gs Copula	$\theta_1 = 1.551\,8$	$\theta_1 = 1.901\,5$
Joe Copula	$\theta_1 = 12.629\,7$	$\theta_1 = 10.600\,6$

进一步运用 5.3 节介绍的 *Copula* 函数拟合优度检验法(*AIC* 信息准则法、*BIC* 信息准则法、χ^2 检验法、*Klugman-Parsa* 检验法),分析上述五种 *Copula* 模型的辨识精度,结果见表 5.3。

表 5.3　Copula 函数拟合优度检验结果

Copula 模型	AIC	BIC	χ^2	K-S	$P_{(K-S)}$
Clayton Cpula	$-1\,124.1$	$-1\,117.5$	8.210\,3	0.110\,0	0.166\,8
Gumbel Copula	-771.97	-765.37	45\,035	0.650\,0	$< 0.000\,1$
Frank Copula	$-9.664\,0$	$-6.653\,4$	0.411\,9	0.298\,6	0.020\,4
Gs Copula	$-631.485\,3$	-624.887	11.080\,8	0.200\,0	$< 0.000\,1$
Joe Copula	$-1\,416.8$	$-1\,410.2$	1.940\,2	0.105\,0	0.207\,8

从表 5.3 中可以看到,依据 Klugman-Parsa 检验法的 P 值,Clayton 模型和 Joe 模型的辨识精度较高,在置信水平 0.01,0.02,0.05 的情况下均能有效通过检验。而其他模型的辨识精度则无法通过检验。进一步比较这两个模型的 AIC,BIC 和 χ^2 检验值,Joe 模型的计算值更低,描述精度更高。进一步给出 Joe Copula 模型和 Clayton Copula 模型的概率密度图,因四维图像不易直观地表征极值参数样本的尾部特性,选择 $w = 0.8$ 时的概率密度图,如图 5.2 和图 5.3 所示。图 5.2 和图 5.3 中,Joe 模型和 Clayton 模型具有很强的耦合性,在高尾部分的风险值较高,而其他区域风险值较低。相较于 Clayton 模型,Joe 模型的风险概率分布更加密集,高尾部分的分布密度梯度更大,说明当飞行参数接近超限边界时,飞行风险概率较高。更为需要注意的是,一旦飞行参数逼近许用边界,由于此时的风险密度梯度很大,飞机可能会遭遇飞行风险"断崖式"增大,所以此时飞行员必须特别注意操纵幅度和极向,以防进入飞机失控状态。从另一个角度分析,只有当多个飞行参数同时均逼近各自许用边界时,飞机可能遭遇较高的飞行风险,从侧面说明了背景飞机具有较高的设计水准,这与 K8v 变稳机空中试验结果相近。因此,综合多种检验法和实际验证的效果,选择 Joe 模型描述结冰遭遇情形下最小空速极值、滚转角极值和迎角极值的相依结构和联合分布情况。

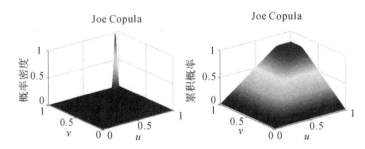

图 5.2　Joe 模型分布概率密度和累积概率图($w = 0.8$)

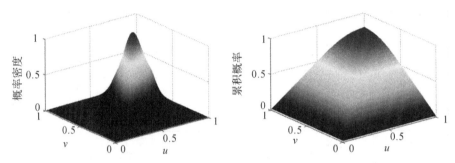

图 5.3　Clayton 模型分布概率密度和累积概率图($w = 0.8$)

5.6　基于多元极值 Copula 模型的飞行风险概率

根据 3.5 节构建的飞行风险判定条件,依据 Joe Copula 模型,求解结冰遭遇条件下的飞行风险概率,见下式:

$$P_r = 1 - C_{Joe}\{F_1[v_{min}/v_c(\delta_f, \text{ice}) > 1), F_2(\phi_{max}/85 > 1), F_3(\alpha_{max}/\alpha_c(\delta_f, Ma, \text{ice}) > 1]\}$$

(5.29)

式中:C_{Joe} 代表基于式(5.28)求解的 Joe Copula 模型。

根据表 5.2 中的辨识结果,结合式(5.28)和式(5.29),求得非对称结冰遭遇情形下的飞行风险概率为 0.062 4,与一维参数极值模型计算出的飞行风险概率值相比,运用 Joe Copula 函数计算出的风险概率值较高,一定程度上反映了参数耦合特性对飞行风险事件演化的影响,考虑多个飞行参数极值构建联合概率分布模型,能够更加全面地分析样本数据所蕴含的风险信息。

需要说明的是,飞行风险事故的发生是一个动态多因素耦合作用情况下的不确定过程,不可能在飞行风险评估过程中将所有内外部随机因素完全考虑进去。如 SAE ARP - 4761,MIL - STD - 882E 等权威性文件中规定的飞行事故率一样,本书所计算的飞行风险概率值在多数情况也是一个相对参考值。能够横向对比不同飞行状态下的风险程度,如不同结冰严重程度下的飞行风险对比,其他恶劣外部环境下或其他故障模式下的风险对比等,对预测基于任务的科目风险试飞的危险程度预测和分析提供有力的理论支撑和描述方法。

5.7　三维极值参数相依性分析

5.2 节结合实例详细讨论了线性相关性度量变量之间相依性结构的局限性,因此,有必要研究多元极值参数间的相关关系,一致相关性度量法是描述 Copula 函数参数关系的有效方法。

一致相关性度量的定义是:两个极值变量 X 和 Y,当其中一个以较大概率出现大值或小值时,另一个变量也以较大的概率出现大值或小值。本书研究的三个极值变量的尾部分布极向不统一,最小空速极值具有下尾分布特性而滚转角极值和迎角极值具有上尾分布特性,为了方便开展一致相关性度量,可通过线性数学变换,将极值样本中的最小空速极值均减去初始时刻的配平值之后取相反数,即可获取尾部分布极向统一的样本参数,而对于新样本的一致性度量可平行推广到原始样本的评价中。

Copula 函数一致性度量方法主要包括 Kendall τ 相关系数法、Blomgvist β 中位数相关系数法、Spearman ρ 相关系数法、Gini γ 关联系数法及尾部 λ 相关系数法等。其计算方法可参见相关文献,在此不再赘述。结冰遭遇条件下的 Joe Copula 模型极值参量相关性度量值见表 5.4。

由表 5.4 可知,极值参量 $[(\phi_{\max},\alpha_{\max}),v_{\min}]$ 的相关性较小,即当滚转角极值和迎角极值同时增大时,最小速度(加速度不变)极值未必出现风险情况;极值参量 $[(v_{\min},\alpha_{\max}),\phi_{\max}]$ 的相关性最高,即当最小速度(加速度不变)极值和迎角极值同时逼近边界值时,滚转角极值往往也大概率逼近其边界,因此结冰条件下,由于升力不足以维持当前飞行状态时,不能仅依靠拉杆增大迎角的方式满足升力需求,可能因迎角过大,引起飞机异常滚转从而导致飞机失控,同时也说明,结冰条件下飞机纵向和横航向耦合加剧,当飞行速度(加速度不变)较低、迎角较大时,很有可能导致飞机滚转,这与 1994ATR－72 事故现象相吻合,事故调查显示,结冰后的飞机在 5°迎角时发生异常滚转导致飞机失控坠毁。因此,结冰后飞行状态参数耦合严重,是诱发飞行事故的重要原因之一。

表 5.4　Joe Copula 模型参量相关性度量

极值参量	τ	β	ρ	γ	λ^{up}
$[(\phi_{\max},\alpha_{\max}),v_{\min}]$	0.111 3	0.108 7	0.164 4	0.127 9	0.146 9
$[(v_{\min},\alpha_{\max}),\phi_{\max}]$	0.462 1	0.461 8	0.642 2	0.520 5	0.551 7
$[(v_{\min},\phi_{\max}),\alpha_{\max}]$	0.276 9	0.273 9	0.400 7	0.346 4	0.349 3

5.8　本 章 小 结

(1)本章分析了一元极值参数研究的局限性和运用多元飞行参数极值评判飞行风险的必要性和可行性;通过对比多种常用多元参数分析方法,提出了基于多元极值理论的飞行风险量化确定方法和思路,并将其引入结冰条件下的飞行风险概率求解中。

（2）本章基于多元 Copula 模型研究了飞行安全关键参数的联合分布结构和相依性，构建了结冰遭遇条件下的多元飞行极值参数的 Copula 函数模型；通过参数辨识和拟合优度检验，选择了辨识精度最高的 Joe Copula 模型，有效解决了单极值参数描述飞行风险的局限性问题。

（3）通过对比分析，本章验证了结冰遭遇情形下的多元极值 Joe Copula 模型能够有效描述多元极值参数的尾部分布特性；进一步分析了极值参数之间的一致相关性，发现结冰后极值参量 $[(v_{min}, \alpha_{max}), \phi_{max}]$ 的相关性较高，说明结冰后飞机纵向和横航向耦合程度加剧，是诱发飞行风险的重要因素。

本书中所提出的飞行风险概率量化确定方法，能够有效填补现行飞行安全规范中风险量化方法的不足，同时对适航性管理和飞行安全保障工作具有积极影响。本书中所提的方法不仅能评估结冰遭遇情形下的动态飞行风险，同时可以应用于其他多种内外部不利影响因素耦合作用下的飞行风险量化评估中。

第6章 结冰遭遇情形下的飞机稳定域确定方法

飞行稳定性与飞行安全密切相关,飞机一旦发生失稳现象,在一定程度上可能诱发飞行风险事件。因此通过定量评估飞机系统稳定性的方法来预测飞行风险、保障飞行安全是一种可行的思路。对于飞机系统而言,稳定性分为静稳定性和动稳定性。静稳定性表征系统扰动后的反应趋势,动稳定性表征系统最终运动的结果。针对非线性系统,稳定域是指稳定平衡点附近具有收敛特性的状态点的集合,可表征系统在稳定平衡点附近的抗扰动能力。鉴于此,本章运用非线性系统稳定域相关理论,研究飞机遭遇结冰情形下的非线性稳定性问题并提出相应的风险评估方法。

6.1 非线性系统稳定域基本特性

针对非线性自治系统:

$$\dot{x} = f(x) \tag{6.1}$$

若系统存在渐进稳定平衡点(Stable Equilibrium Point,SEP),且不考虑全局稳定性的情况下,则稳定域(Region of Attraction,ROA)存在,且可表示为

$$A(x_s) = \{x \in R^n \mid \lim_{t \to \infty} \phi_t(x) = x_s\} \tag{6.2}$$

式中:$\phi_t(x)$ 表示系统运动轨迹;x_s 为系统的稳定平衡点;$A(x_s)$ 为系统稳定域。此外,稳定域的边界称为稳定边界,用 $\partial A(x_s)$ 表示。

根据式(6.2)可知,非线性系统的稳定域具有下述敛散特性:

(1)ROA 敛散性:非线性系统的稳定域是系统稳定平衡点附近某邻域;

(2)该邻域范围内状态点在有限时间范围内将收敛于稳定平衡点(收敛性);

(3)该邻域范围外状态点将在短时间内出现发散或收敛于其他稳定平衡点的情况(发散性)。

对于飞机系统而言,飞行状态位于稳定域范围内,飞机在有限时间范围内将恢复到特定的稳定平衡点,且该稳定平衡点对于飞机而言可以是配平点或设计点,因此可以认定此时的飞行状态是安全的。飞行状态位于稳定域范围外,飞机在短暂时间内将呈现发散趋势或收敛于其他非设计状态的稳定平衡点;当偏离设计状态较远时可认为飞机处境危险。综上所述,综合考虑非线性系统稳定域的敛散性,飞机系统的稳定域在一定程度上可用于解决飞机因动/静稳定性异常而诱发的飞行风险问题。

6.2 基于蒙特·卡罗仿真的稳定域计算方法

常用的非线性系统稳定域计算方法主要有传统的李亚普诺夫能量函数法、二次方和法(Sum of Squares,SOS)、流形法、正规形法及可达集法等。上述稳定域确定理论及方法,优缺点各异,且在航空领域均有所涉及。例如:李亚普诺夫能量函数法和可达集理论类似,都可以得到稳定域的隐式表达,但这两种方法确定的稳定域具有一定的保守性;可达集方法的保守性可以通过加大数据量来改善;而流形方法最明显的优点是精确性,但该方法不能得到稳定域的隐式表达。本书根据飞机系统的特点,选择蒙特·卡罗方法作为本书稳定域计算的方法。诸多学者认为,基于蒙特·卡罗仿真法确定的稳定域是精确的,可作为稳定域精确性验证的辅助工具。

6.2.1 传统蒙特·卡罗稳定域计算方法

蒙特·卡罗法(又称"打靶"法)便于获取大量试验样本,在许多领域得到广泛应用,该方法将无法描述的不确定性问题转化为了概率性问题,通过概率分布函数大量获取可行状态并进行相关仿真,最终实现对问题的求解。针对稳定域计算问题,蒙特·卡罗法同样适用,其方法为:通过在状态空间取大量飞行状态并进行动力学仿真,通过最终状态的敛散性判断选取的飞行状态是否属于稳定域范围内。具体流程如下:

(1)在关注的状态空间选择大量的可用飞行状态。

(2)在上述计算空间均匀取点,并进行动力学仿真。

(3)判断各状态点的敛散性,保留具有收敛特性的状态点,其边界即为稳定域边界,边界内部区域为稳定域。

下述结合通用的单摆模型稳定域计算的案例说明该方法的可行性和有效性。单摆模型见下式:

$$
\left.
\begin{aligned}
\dot{x}_1 &= x_2 \\
\dot{x}_2 &= -10\sin x_1 - x_2
\end{aligned}
\right\}
\tag{6.3}
$$

对于该系统而言,原点(0,0)的特征值为 $-0.5 \pm 3.12\mathrm{i}$,因此原点为稳定平衡点。下面针对该系统给出传统蒙特·卡罗法计算稳定域的流程。

选择的计算空间如下:

$$
\{(x_1,x_2) \in R^2 \mid x_1 \in [-10,10], x_2 \in [-10,10]\}
\tag{6.4}
$$

且在状态空间内均匀取 100×100 各状态点,最后通过动力学仿真和敛散性判断确定该单摆系统的稳定域边界如图 6.1 所示。图中红色实线为基于蒙特·卡罗法确定的稳定域边界,黑色实点为满足收敛条件的状态(注:为便于观察图中仅展示了部分状态)。

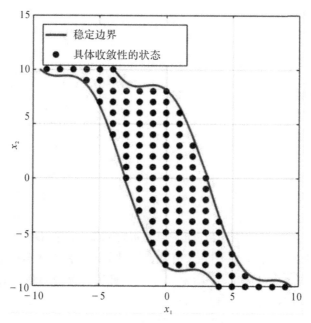

图 6.1　单摆模型稳定域边界

6.2.2　蒙特·卡罗改进算法

传统的蒙特·卡罗稳定域计算方法以稳定域具有的敛散性为基础,通过大量仿真得到系统精确的稳定域。但是该方法具有如下缺点(以上述单摆稳定域计算为例进行说明)。

上述算例计算环境为 Intel(R) Core(TM) i7 - 4690 CUP、主频 3.6 GHz、8 GB 内存的台式机。计算上述稳定域耗时 4 h 左右。注意如下问题:该单摆模型为二维模型,且计算网格为 100×100,对于蒙特·卡罗稳定域计算方法而言其样本计算点相对较少。另外,后文将对飞机的结冰稳定域进行计算,以纵向四维空间为例,需要网格至少 $100 \times 100 \times 100 \times 100 = 10^8$ 个,对于上述计算环境而言,耗时过长。因此采用上述方法进行科学研究甚至后续的工程应用均是不现实的,因此本书对蒙特·卡罗稳定域计算方法进行如下改进。

(1) 在稳定平衡点 x_s 附近取邻域 Ω,且满足 Ω 为系统稳定域 $A(x_s)$ 的子集,即 $\Omega \subset A(x_s)$。判断方法如下:在邻域 Ω 边界上 $\partial\Omega$ 取大量点进行动力学仿真。若最终各点均收敛于稳定平衡点 x_s,则证明符合条件 $\Omega \subset A(x_s)$;否则须重新取邻域 Ω。判断方法示意如图 6.2 所示。边界上各点的运动轨迹必须满足图中所示形式。初始邻域 Ω 取规则图形,针对上述单摆模型可取圆形。

(2) 以长度矩阵 l 扩大邻域 Ω 的范围。长度矩阵 l 对应邻域边界 $\partial\Omega$ 上各点的扩张距离 l。初始情况各点的扩张长度相同,但计算过程中各点的扩张距离 l 将发生变化。

(3) 在邻域 Ω 的边界 $\partial\Omega$ 上取大量计算点,并进行动力学仿真。

(4) 判断上述状态点的运动轨迹,并进行如下处理(见图 6.3):

1) 运动轨迹趋近于稳定平衡点,且在轨迹进入邻域 Ω 后停止计算,则保留该点,并保持原扩张长度 l。如图 6.3 所示,图中 A 点满足上述条件。A 点扩张后 A_1 运动轨迹收敛于原邻域

Ω,根据稳定域的特点可知,点 $A_1 \in A(x_s)$,故停止计算。此种情况说明稳定域边界在线段 AA_1 的延长线上,因此应保留点 A_1。且后续扩张将以 A_1 为基础,故 A_2 如图 6.3 所示。

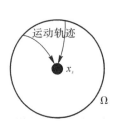

图 6.2　初始邻域条件验证示意图

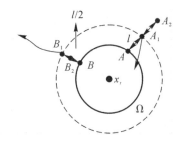

图 6.3　边界条件扩张计算示意图

2)运动轨迹背离稳定平衡点,且在短暂时间进行发散,则保留原边界上状态点,设置扩张长度为原扩张长度的 $1/2$,即 $l/2$。图 6.3 中 B 点满足上述条件。B 点扩张后 B_1 运动轨迹背离原邻域 Ω,根据稳定域的特点可知,点 $B_1 \notin A(x_s)$。此种情况说明稳定域边界在线段 BB_1 上,因此应保留原点 B。且后续扩张将以 B 为基础,故 B_2 如图 6.3 所示。

(5)根据各点的敛散性,形成新的扩张矩阵 l。

重复步骤(2)～(5)直到各边界状态点扩张长度均为 $l/2^{10}$(该值可根据实际需要进行更改)。另外,由于步骤(4)敛散性判断时,各个状态点之间相互独立、互不相干,因此,可以采用并行算法同时对多个状态点进行计算,此种方式将大大提高计算效率。

(6)各状态的最终状态组成了所求系统的稳定域边界。

该方法确定上述单摆的稳定域得到的结果与传统方法相同。后续章节将对该方法的优越性进行说明。

6.2.3　改进算法的优越性

传统蒙特·卡罗稳定域计算方法主要的缺点是计算效率问题,故上述章节给出了改进措施。下面给出相同计算量时,两种算法的计算效率对比,见表 6.1。

表中所示:传统算法指 6.2.1 节传统的蒙特·卡罗稳定域计算方法。传统＋并行指在传统的蒙特·卡罗稳定域计算的基础上采用并行计算技术。改进算法指 6.2.2 节的改进蒙特·卡罗稳定域计算方法。

表 6.1　算法优越性对比

稳定域计算方法	计算时间	计算误差
传统方法	约 4 h	0.1
传统＋并行	约 1 h	0.1
改进算法	约 11 min	0.001

上述三种算法的计算数据数量均为 100×100,且计算环境相同。计算误差确定方法为:取边界相邻两个数据点之间的距离作为计算误差。传统方法和传统＋并行算法的计算误差

为:10/100＝0.1。改进算法的误差计算为:计算初始长度 $1/2^{10}\approx0.001$。

改进的算法提高了计算精度的同时,大幅度提高了计算效率,见表 6.1,具体有下述原因:

(1)效率问题:传统的蒙特·卡罗稳定域计算方法对每个状态进行动力学仿真,且通过判断轨迹终点状态是否为稳定平衡点确定该点的敛散性。因此可知每个点必须进行长时间的动力学仿真,而不能独立设置计算时间,耗时较长。而改进的蒙特·卡罗稳定域计算方法结合了稳定域的收敛特性,即稳定域内状态点将在有限时间收敛于稳定平衡点。该算法从稳定域内的某个领域出发,通过判断运动轨迹是否进入该领域来判断敛散性。因此,使计算时间离散化,避免了不必要的计算耗时,计算效率较高。

(2)精度问题:传统的蒙特·卡罗稳定域计算方法在空间大量取点,而最终保留的稳定域内的状态点数减少。而在相同的计算量下,改进的蒙特·卡罗稳定域计算方法将所有点进行利用,因此精度得到大幅度的提高。

6.3　结冰飞机的非线性稳定域确定

机翼结冰破坏飞机的气动特性,恶化飞机的稳定性和操纵性,因此从动力学方面讲机翼结冰影响飞机的飞行安全。根据相关文献可知,机翼结冰导致全机失速迎角提前,且非线性表现突出。例如:1994 年 ATR-72 飞机事故,事故发生时迎角仅为 5°,但此时飞机发生了异常滚转现象。而 5°迎角远远小于此时飞机的失速迎角,因此必定是结冰引起了动力学耦合特性最终导致此次飞行事故。该起事故表明,传统的迎角限制边界已经不能对机翼结冰现象的迎角安全进行保护。因此必须选择新的评估方法,本书研究的稳定域法可综合考虑系统的非线性特性,故本书选择稳定域作为新的评估方法开展机翼结冰后的飞行风险研究。

6.3.1　机翼结冰条件下飞机纵向动力学模型

考虑如下四维动力学模型:

$$
\left.
\begin{aligned}
\dot{v} &= \frac{1}{m}(F_x\cos\alpha + F_z\sin\alpha) \\
\dot{\alpha} &= \frac{1}{mv}(-F_x\sin\alpha + F_z\cos\alpha) + q \\
\dot{\theta} &= q \\
\dot{q} &= \frac{M_y}{I_{yy}}
\end{aligned}
\right\}
\tag{6.5}
$$

式中:m 为飞机质量;v 为飞行速度(加速度不变);α 为迎角;θ 为俯仰角;q 为俯仰角速度(加速度不变);I_{yy} 为纵向转动惯量;M_y 为俯仰力矩;F_x 为飞机所受合力在机体轴 x 方向上的分量;F_z 为飞机所受合力在机体轴 z 方向上的分量;M_y,F_x,F_z 的表达式为

$$
\left.
\begin{aligned}
F_x &= \bar{q}S_{\text{ref}}[C_x(\alpha) + C_x(\alpha,\delta_e) + C_x(\alpha,\hat{q})] + 2T_X(\delta_{\text{th}}) - mg\sin\theta \\
F_z &= \bar{q}S_{\text{ref}}[C_z(\alpha) + C_z(\alpha,\delta_e) + C_z(\alpha,\hat{q})] + 2T_Z(\delta_{\text{th}}) + mg\cos\theta \\
M_y &= \bar{q}S_{\text{ref}}\bar{c}[C_m(\alpha) + C_m(\alpha,\delta_e) + C_m(\alpha,\hat{q})] + 2\Delta Z_{\text{ENG}}T_X\delta_{\text{th}}
\end{aligned}
\right\}
\tag{6.6}
$$

式中:$\bar{q}$ 为动压;S_{ref} 为机翼参考面积;C_x,C_z,C_m 分别为力和力矩系数;T_X 和 T_Z 为发动机推力

在机体轴 x 和 z 方向的投影; g 为重力加速度(加速度不变); δ_e 为升降舵偏角; δ_{th} 为油门位置; ΔZ_{ENG} 为发动机矩质心的相对位置矢量在机体轴 z 方向的投影。

研究采用俯仰保持控制构型,具体表达式为

$$\delta_e = K_\theta(\theta_c - \theta) + K_\alpha \Delta\alpha + K_q q \tag{6.7}$$

式中: K_θ, K_α 和 K_q 分别为飞行状态 θ, α 及 q 的反馈增益。控制参数取为

$$\left. \begin{array}{l} K_\theta = -1 \\ K_\alpha = 2 \\ K_q = 1 \end{array} \right\} \tag{6.8}$$

机翼结冰后的气动参数和背景飞机结构、气动数据等数据请参考第 2 章,在此不重复给出。

6.3.2 干净构型时的非线性稳定域

配平参数:

$$\left. \begin{array}{l} H = 6\ 000\ \mathrm{km} \\ v = 158.213\ 4\ \mathrm{m/s} \\ \alpha = 7.944° \\ \theta = 7.944° \\ q = 0\ (°)/\mathrm{s} \\ \delta_e = 0.741\ 8° \\ \delta_{th} = 65\% \end{array} \right\} \tag{6.9}$$

现在利用改进的蒙特·卡罗稳定域计算方法确定此种飞行场景下,干净构型飞机的非线性稳定域。计算步骤和结果如下:

(1)根据实际的飞行限制确定后续稳定域计算的范围见下式:

$$\{(\alpha, \theta, q) \in R^3 \mid \alpha \in [-0.5, 0.5], \theta \in [-1, 1], q \in [-0.8, 0.8]\} \tag{6.10}$$

(2)稳定平衡点邻域 Ω 取为:以稳定平衡点为球心,以 0.1 为半径,并通过动力学仿真可以证明该领域为稳定域的一个子集,即满足改进蒙特·卡罗稳定域计算方法的条件。

(3)在初始邻域边界 $\partial\Omega$ 上取 $100 \times 100 \times 100$ 个状态点,取初始扩张长度为 0.1 个单位,计算误差设置为 $0.1/2^{10} = 0.000\ 1$。

(4)通过改进的蒙特·卡罗稳定域计算方法得到此飞行场景下,干净飞机的非线性稳定域如图 6.4 和图 6.5 所示。

图 6.4 和图 6.5 所示为基于改进的蒙特·卡罗稳定域确定方法计算得到的干净构型飞机非线性稳定域。另外,为说明稳定域研究安全问题的优点,进行如下截面处理,如图 6.6 所示。

图 6.6 来源于对对图 6.5 的截面处理,截取面函数为 $\alpha = 0.1\ \mathrm{rad}$。图中清晰可见,迎角为 0.1 rad时,飞机系统的俯仰角和俯仰角速度(加速度不变)之间存在耦合关系,即并非所有的俯仰角、俯仰角速度(加速度不变)组合都满足安全条件。例如,俯仰角为 0.3 rad 时,俯仰角速度(加速度不变)超过 0.2 rad/s 时飞行状态就超出了稳定域,即此时飞机是不稳定的。若这种潜在的不稳定状态未被驾驶员察觉到,则极易诱发飞行事故。而此时的迎角相对较小,不会启动自动边界保护系统。

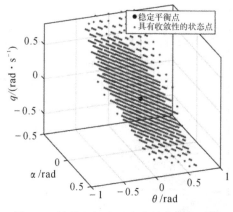

图 6.4　计算空间内具有收敛特性的状态

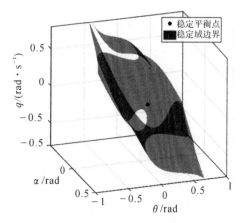

图 6.5　干净构型飞机稳定域边界

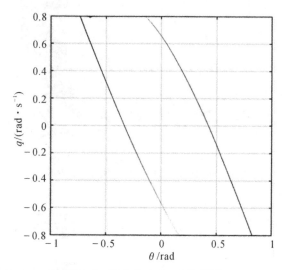

图 6.6　迎角为 0.1 rad 的截面

6.3.3　机翼结冰情况下的非线性稳定域

分别取干净构型、轻度结冰和重度结冰三种情况,在相同的计算条件和环境下,利用改进的蒙特·卡罗稳定域确定方法计算不同结冰程度的飞机非线性稳定域,其对比结果如图 6.7 所示。

图 6.7 所示为机翼不同结冰程度下,利用改进稳定域计算方法计算得到的飞机非线性稳定域。如图 6.7 所示,黑色曲面为机翼未结冰情况下飞机的非线性稳定域边界,浅灰色曲面为机翼轻度结冰情况下飞机的非线性稳定域边界,深灰色曲面为机翼重度结冰情况下飞机的非线性稳定域边界。通过对比可知,机翼不同程度结冰后,稳定域呈现逐渐收缩的趋势,且收缩后飞机非线性稳定域的耦合程度加剧,也因此容易诱发飞行事故,具体原因可通过图 6.7 的截面图分析。

图 6.8 所示为迎角为 0.1 rad 情况下,不同结冰程度下飞机的非线性稳定域截面图。图中不同颜色线含义与图 6.7 相同。飞机机翼结冰后,俯仰角与俯仰角速度(加速度不变)可用范围大幅度收缩,且耦合程度加剧。例如机翼严重结冰程度下,俯仰角为 0.3 rad 时,俯仰角速度(加速度不变)的最大可用值由 0.2 rad 降低至 0 rad,即针对此机翼严重结冰飞行条件,俯仰角为 0.3 rad 时,飞机不能有爬升的趋势,否则将因超出稳定域边界而极易诱发不可恢复的飞行事故。

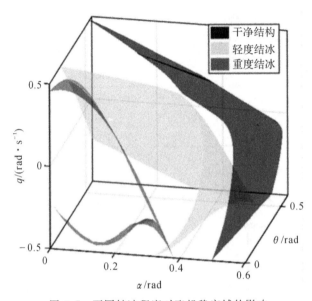

图 6.7　不同结冰程度对飞机稳定域的影响

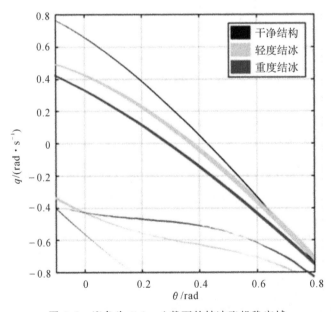

图 6.8　迎角为 0.1 rad 截面的结冰飞机稳定域

6.4　基于稳定域的飞行风险量化确定方法

上述分析了用非线性稳定域研究机翼结冰后的稳定性问题,能够直观地给出机翼结冰对飞机稳定性的影响。可以得出结冰不仅导致全机失速迎角提前,而且会导致飞行状态之间的耦合程度加剧,而针对这方面的研究对提高飞行安全至关重要。根据稳定域的特点可知,飞行状态位于稳定域内,飞机不会发生失稳问题,因此在一定程度上也不会发生失稳导致的风险事件。而飞行状态位于稳定域外,飞机一定会发生失稳问题,且一定会导致风险事件。因此可以利用稳定域边界来量化飞机运动过程中的风险。

6.4.1　飞行风险度量参数

一般情况下,飞机运动过程中,飞控系统根据迎角限制判断飞机飞行过程中是否有发生失速的风险。但在结冰条件下,该保护措施经常失效,原因是结冰诱发了飞机飞行状态之间的非线性耦合,致使飞机迎角相对较小时,同样会发生因某些状态之间的耦合加剧而导致状态异常,最终发生飞行事故,该方面内容在 6.3.3 节中进行了详细说明。然而,考虑到飞行状态距离稳定域边界越近,飞机的飞行状态越容易因外界扰动而超出非线性稳定域,因此,可利用飞行状态与稳定域边界的距离作为结冰飞机飞行风险的量化值 FR,具体表达式为

$$FR = 1 - \frac{l_b}{l_s} \tag{6.11}$$

式中:FR(Flight Risk)为飞行风险的量化值;l_b 表示实时飞行状态到边界的最近距离;l_s 表示实时飞行状态到稳定平衡点的距离。

根据式(6.11)和真实的飞行情况可知,飞机在稳定域内且离边界较近时就必须发出风险告警,以便给飞控系统和驾驶员预留可操纵的时间。因此提出如下风险等级划分 Rd(Risk Degree) 方式:

$$RD = \begin{cases} 4, & FR \in (0.2, 1] \\ 3, & FR \in (0, 0.2] \\ 2, & FR \in (-1, 0] \\ 1, & FR \in (-\infty, -1] \end{cases} \tag{6.12}$$

当 FR $\in$ (0.2,1] 时,飞机处于稳定域内且距离边界相对较远,因此可认为飞机是较安全的,即基本不会因为失稳而诱发飞行事故,故定义成 4 级飞行风险,见式(6.12)。当 FR $\in$ (0,0.2] 时,飞机仍然位于稳定域内但距离边界相对较近,此时极易由于外部扰动而使飞行状态超出边界而诱发飞机失稳,并最终诱导飞行事故,故定义为 3 级飞行风险,此时应发出安全告警。当 FR $\in$ (-1,0] 时,飞机已经位于稳定域外,但距离边界相对较近,此时通过驾驶员或飞控系统的正确操纵可使飞行状态恢复到正常情况,因此定义为 2 级飞行风险。当 FR $\in$ (-∞,-1] 时,飞行状态位于稳定域内且距离边界相对较远,此时飞机已经进入深度失稳情况,通过驾驶员或飞控系统的操纵已经很难抑制失稳程度的加剧,因此为极度危险情况,故定

义为 1 级飞行风险。

为便于观察和使用,本书采用图 6.9 所示的方式进行飞行风险展示。

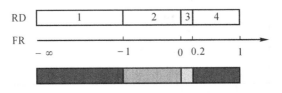

图 6.9 飞行等级可视化

6.4.2 飞行风险量化流程

由于蒙特·卡罗稳定域计算方法的最终表达形式为空间数据点,因此无法直接得到飞行状态到边界的最近距离 l_b。本书采用如下算法对飞行过程中的风险量化值 FR 进行计算。

(1)取稳定平衡点与飞行状态的连线(必要时延长至边界),并根据飞行状态确定该直线的数学表达式 f_{sf}。其示意图如图 6.10 所示。

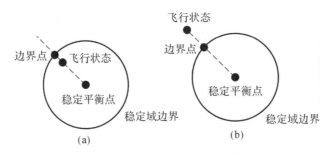

图 6.10 飞行状态相对位置示意图

(a)飞行状态位于稳定域边界内; (b)飞行状态位于稳定域边界外

(2)基于二分法确定边界点的具体坐标。具体流程如下:

1)对实时飞行状态 x_f 进行动力学仿真,并根据敛散性确定该状态性质。

2)若飞行状态稳定则命名为 x_i,且在(1)得到的直线上,将稳定平衡点 x_s 相对飞行状态进行对称变换并扩大 2 倍使其一定位于边界外,得到新的状态点 x_e。若飞行状态不稳定则命名为 x_e,新稳定域内状态点 x_i 取稳定平衡点 x_s。

3)计算 $x_{new} = (x_i + x_e)/2$,得新飞行状态点并进行动力学仿真,并判断其敛散性。

4)若 x_{new} 稳定[见图 6.9(a)]则取代原稳定域内点并命名为 x_i,且稳定域外状态点 x_e 不变。若 x_{new} 不稳定[见图 6.9(b)]则取代原稳定域外点并命名为 x_e,且稳定域内状态点 x_i 不变。

5)反复循环步骤3)和步骤4)共11次完成计算,并将最终的 x_{new} 作为边界上的状态点,原因是反复循环 11 次后,$FR = |FR_0/2^{11}| \approx 0.001$($FR_0$ 为初始的风险值,最大为 -2)。

6)根据式(6.11)计算风险值 FR,并根据图 6.9 进行配色可视化。

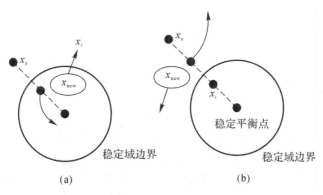

图 6.11　x_{new} 的敛散性判断

(a)x_{new}稳定的情况；　(b)x_{new}不稳定的情况

6.4.3　案例分析

当前飞机所采用的安全预警方法是基于传统的迎角限制方法,但该方法不能根据外部环境变化而自动更新,故具有一定的局限性。本书基于稳定域的风险评估方法综合考虑了外界环境影响和飞行状态之间的耦合关系,因此在一定程度上提高了风险预测的有效性。本书采用如下着陆阶段的案例进行验证此命题。飞行场景设计为:飞机着陆过程中逐渐发生机翼严重结冰情况,飞机在高度 $H=400$ m、15°襟翼、飞行速度(加速度不变)$v=85$ m/s、下滑角 2.5°的稳定下滑飞行过程。飞行仿真结果如图 6.12 所示。

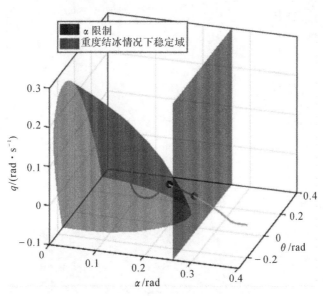

图 6.12　稳定域及可用迎角限制对比

图 6.12 所示为机翼结冰后导致的飞行事故三维视图。红色透明曲面为此种飞行场景下的稳定域,蓝色透明铅垂面为传统的可用迎角限制,绿色曲线为着陆过程中的姿态变化曲线。

由图 6.12 可知,飞机的飞行姿态由于动力学之间的耦合关系,其先超出非线性稳定域,后超出传统的可用迎角限制,因此可以说明,相较于传统可用迎角限制法,稳定域风险评估法可以提前发现潜在的飞行风险,具有较好的预测能力。下述给出对应的时域仿真结果,如图 6.13 所示。

图 6.13 所示为机翼结冰场景下的时域仿真结果。图 6.13 中黑色实线为迎角变化曲线,黑色虚线为俯仰角变化曲线,黑色点线为俯仰角速度(加速度不变)变化曲线,黄色点画线为可用迎角限制,绿色点画线为飞行状态超出稳定域的时刻;红色点画线为飞行状态超出可用迎角限制的时刻。图 6.13 中所示,上述飞行场景条件下,飞机的运动状态首先超出非线性稳定域,时刻为 40 s 左右;而后,飞行状态超出传统的可用迎角限制,时刻对应 55 s 左右。综上所述,基于稳定域的风险评估方法可提前于传统的可用迎角限制方法发出危险告警。针对此飞行场景下约提前 15 s(不同的飞行场景不同),该方法能够向驾驶员和飞控系统提供更多的时间裕度操纵飞机以恢复安全飞行转头。且时域仿真结果与三维视图结果相对应,两者相互验证,证明了稳定域风险评估方法的正确性和可行性。

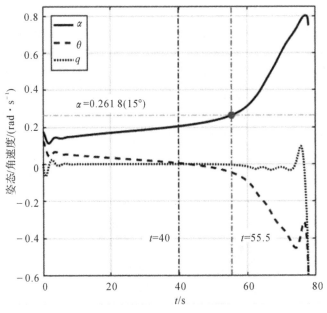

图 6.13　时域仿真分析

本书稳定域风险量化方法的可视化方法如图 6.14 所示。

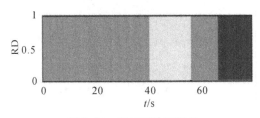

图 6.14　飞行风险可视化

　　图 6.14 所示为机翼带冰着陆并发生事故全过程对应的风险可视化色带图。图 6.14 中 40 s 左右绿色变成黄色,说明此时的飞行状态已经非常接近稳定域边界。根据前文的风险评估方法可知,此时应发出告警以提醒驾驶员潜在的风险。55 s 左右黄色变成橘黄色,说明此时飞行状态已经超出此飞行场景下的稳定域,同时说明飞行状态由稳定转变为不稳定,故具有较大的风险。最后在 65 s 左右,色带变成红色,此时已经无法改出复杂状态,事故发生难以避免。

6.5　本 章 小 结

　　本章以传统的可用迎角限制安全预警方法存在的不足为背景,将稳定性与飞行安全相关联,将非线性系统稳定域引入结冰飞机的风险评估;结合飞机系统特点提出了蒙特·卡罗稳定域确定方法,并用其模拟了机翼结冰运动过程中飞机稳定域的变化情况;在此基础上,提出了基于非线性稳定域的风险量化确定方法。

　　(1)本章提出了基于蒙特·卡罗法的结冰飞机非线性稳定域确定方法,并对不同结冰严重程度下的飞机稳定域进行了精确刻画。研究结果表明,结冰导致飞机稳定域收缩,且严重结冰情况收缩明显。

　　(2)飞机的稳定域能够描述飞行状态之间的耦合情况。尤其在严重结冰情况下,飞行状态之间的耦合程度加剧,是导致飞行事故的原因之一。本书所提出的稳定域确定方法能够提前预测飞机严重耦合趋势。

　　(3)本章基于稳定域理论提出了结冰飞机的风险量化确定方法。本章选取飞行状态与稳定域边界的相对距离作为飞行风险判定参数,并通过二分法及敛散性分析,确定了飞行的风险等级。本章以带冰着陆过程为例说明了该方法的正确性与优越性。

第7章 复杂状态下安全操纵空间构建方法

飞机失控目前已成为导致飞行事故的主要原因,驾驶员的正确操纵是防止飞机失控的前提条件,提高驾驶员的情景感知能力(Situational Awareness)可为驾驶员的正确操纵提供判断依据。波音公司的研究报告指出,超过 50% 的飞行事故,其主要原因均与驾驶员的操纵失误有关;空客公司的研究报告指出,约 85% 的飞行事故或事故征候中至少一次涉及驾驶员情景感知能力的丧失。驾驶员的情景感知能力是指驾驶员对当前和今后一段时间内的飞行状态和周围环境的认知程度。有效的情景感知能力使得驾驶员能够提前预测飞机的飞行状态并采取合适的操纵策略,这对于飞行安全至关重要。现有的情景感知手段一般为实时观察部分飞行安全关键参数是否超出许用值来预测飞行风险。当飞机遭遇故障(如升降舵卡滞、单发失效)或复杂气象条件时(如结冰、风切变、尾流),飞行安全关键参数许用范围和操纵范围可能大幅缩小。飞行员在不清楚操纵边界缩小程度的情况下操纵飞机可能导致较为严重的后果。因此,对特殊复杂情况下的驾驶员情景感知能力的研究成为当今飞行安全领域的热点问题之一。

7.1 驾驶员情景感知能力研究趋势分析

针对驾驶员情景感知能力的研究主要集中在飞行安全信息的显示和安全告警两个方面。飞行安全信息提示主要是指通过实时采集制约飞行安全的关键参数值,显示在主飞行界面上,将这些信息呈现给驾驶员和飞控系统,通过与预估的参数范围相比较,判断当前飞行状态的安全范围,或通过气象雷达探测空域周围风场方向和强度并通过符号语言提示驾驶员,进而采取相应的安全保障措施,避免飞机进入复杂危险状态。安全告警是指驾驶员辅助决策系统在探知到飞行安全关键参数超出预设的安全值时或机载传感器探测到机体结冰、发动机起火等风险信息时,通过语音或信号灯等方式提示飞行员。现代先进飞机大部分安装有抖杆器和推杆器,当俯仰姿态过大时,抖杆器被激活,通过驾驶杆或驾驶盘抖动提示驾驶员;当俯仰姿态进一步增大时,推杆器自动激活,强制向前推杆以减小俯仰姿态,如图 7.1 所示。

此外,国内外学者也在积极探索更加科学、有效的安全信息呈现方法和安全告警方法,以期减轻驾驶员操纵负荷,提高驾驶员情景感知能力,保障飞行安全。Guy 设计了商用飞机机载情

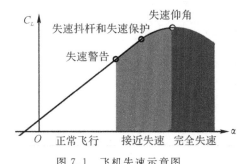

图 7.1 飞机失速示意图

景感知信息系统的迭代策略,提出了正常、非正常和紧急情况下的安全信息三级分类显示方法,使飞行员更容易在正确的时机获得适当的操作内容。Carlos 等人从驾驶员操纵、信息获取、环境影响等方面设计了驾驶员情景感知能力评价系统。NASA Langley 研究中心的Trujillo 等人研究发现在飞机发生故障前后,驾驶员更倾向于重点关注能量参数,尤其是滚转角、高度变化率和空速,为优化飞行参数显示器提供参考。Gingras 等研究开发了积冰污染边界保护系统 ICEPro,通过直观地显示结冰位置和飞机状态等信息提高驾驶员的情景感知能力,经地面模拟器试飞效果良好。庄达民等通过人机闭环系统仿真分析了驾驶员情景感知能力评价标准,进而评价了三种典型机型的驾驶舱人机交互系统。徐浩军等提出一种飞机结冰后的飞控系统边界保护方法,引入铰链力矩检测模块,提前告警飞机纵向失速,为驾驶员和飞控系统提供安全保护裕度。薛源等根据多元极值理论构建了尾流风险概率三维拓扑结构图,为驾驶员直观显示场域尾流风险等安全信息。Kasey 等人设计了动态飞行包线保护系统,并直观地提供给驾驶员,以提高驾驶员的情景感知能力。

上述研究中,故障情况下和复杂环境情况下的安全告警系统或边界保护系统等,多是为驾驶员提供实时的飞行状态参量和边界信息,如迎角、侧滑角、舵面位置、爬升率及其限制边界等。飞行故障或复杂气象条件等特殊情况均会导致飞行安全边界的畸变,飞行安全参数许用范围的缩减,且不同情况下的飞行安全关键参数也不尽相同。驾驶员在不利外界环境影响下判定当前飞行状态,同时关注诸多飞行参数可能加重飞行员的操纵负荷,甚至引发误操纵危及飞行安全。此外,飞行控制系统提供给驾驶员的信息均是带有少量延迟的当前飞行状态,不具有预测性。笔者认为,相较于评判当前飞行状态是否安全,预测未来一定时间内飞行安全关键参数变化趋势和潜在的飞行风险更为重要。

通常驾驶员通过油门、驾驶杆(盘)和脚蹬操纵飞机,依据当前和未来一定时间内的飞行状态,分析飞行安全参数变化趋势,计算潜在操纵动作的飞行风险,将不同操纵策略下的飞行风险,以直观的拓扑云图的方式呈现给驾驶员,将极大地减轻驾驶员的操纵负荷,有利于驾驶员在安全操纵范围内选择正确的路径和策略,避免紧张环境下误操纵导致某些参数超限。针对此问题,本节提出基于人机闭环系统仿真的复杂条件下飞行安全操纵空间的概念,将驾驶员操纵指令下的飞机飞行安全参数轨迹色彩化,划分不同风险等级,并综合计算得出相应操纵指令的风险概率,据此拓扑至所有可能的操纵策略,揭示复杂环境下的安全操纵边界和事故致灾机理,为驾驶员提供直观的安全操纵建议和告警提示。此外,当前针对飞行风险事件致灾机理的分析,通常只关注单次飞行过程,对不同因素诱发的复杂危险状态缺乏系统的分析方法和手段,所设计的飞行安全谱表征风险演化过程具有独特的优势,能够同时分析比较不同状态点下的风险事件演化过程和致灾机理,得出具有指导性的安全建议和风险规律,为飞行风险事件分析和揭示致灾机理提供了技术手段。

7.2　飞行安全谱设计

当前在调查飞行风险事件时,主要是通过观察飞行状态参数(包括姿态参数、位置参数及其导数等组合量)的异常变化情况,因此在梳理确定制约飞行安全关键参数的基础上,可以通过观察飞行安全关键参数的变化情况评判飞行风险的发展过程,探寻飞行风险发生过程中飞行安全关键参数的规律性变化,进而基于飞行安全关键参数的变化趋势预测飞行风险。

所有对飞行安全参数的描述是确定性的,如巡航条件下,某型飞机最大纵向正过载限制值为 3.75,即正向过载值 3.75 是安全和危险的分界线。但当飞机纵向正过载达到 3.7 时,该飞行状态的危险性同样很高。因此,Burdun 等人提出将飞行安全参数值进行区间化处理,通过标注不同颜色划分风险等级。但是该方法仅能表示飞行风险,不能反映飞行参数超限的方向性,无法给驾驶员提供明确的操纵建议。同时在复杂情况下时刻关注多个飞行安全参数容易增加驾驶员的操纵负荷。尤其突出的是,复杂环境下飞行参数许用范围可能发生畸变,即同样的操纵量,飞机的响应可能异常变化而超出驾驶员的期望。因此本书考虑飞行参数风险区间的正负性和特定环境下的飞机动态响应特性,结合诸多飞行安全关键参数及其特定条件下的许用范围,计算飞行安全操纵空间,给出更加合理明确的驾驶员操纵策略。

Cacciabue 建议屏显颜色最佳数量为 3～5 个,在征询空军试飞员学校试飞教员和试飞工程师意见的基础上,选取了灰、红、黄、绿 4 种颜色表示飞行参数风险等级,其中灰、红、黄三色分别用深浅两个颜色表示负超限和正超限,表 7.1 给出了高度 3 000 m、速度(加速度不变)150 m/s 平飞状态下的参数区间划分实例。当 $x < a$ 或 $x > f$ 时,表示飞参超过极限值,飞行事故发生,处于"灾难"状态,其区别在于浅灰色表示状态参数超出了左边界,深灰色表示状态参数超出了右边界;当 $a < x < b$ 或 $e < x < f$ 时,表示飞参处在"危险"状态,分别用浅红色与深红色表示;当 $b < x < c$ 或 $d < x < e$ 时,表示飞参处于"注意"状态;"安全"的参数范围用绿色表示。参数范围的划分由飞机性能、当前所处飞行状态和所处环境共三个因素联合确定,针对背景飞机,参数的设定值随着当前飞行状态和所处环境的变化而变化,在仿真过程中可通过插值调用已储存在计算机中的飞参区间数据库而获得。

针对一次飞行过程,通过人-机-环闭环仿真系统计算每个飞行安全关键参数,得到预测时间段内飞行参数的变化轨迹,根据表 7.1 的示例分别确定每个飞行安全关键参数的色彩化区间分布,将每一时刻飞行安全关键参数所对应的风险颜色按时间序列以此排定,得到上述飞行安全关键参数的安全谱,如图 7.2 所示。飞行风险的发生适用于典型的木桶理论,即只要有任何一个飞行安全关键参数超出其许用范围,都可能导致较高的飞行风险,因此预测时间段内的飞行安全谱为每个时刻各个关键飞行安全参数的最高风险色的叠加。

表 7.1　飞行安全关键参数色彩化区间实例

飞行参数	单　位	分界点					
		a	b	c	d	e	f
v	m·s^{-1}	90	100	115	250	280	308
α	°	−10	−2.5	0	8	14	18
β	°	−45	−15	−10	10	15	45
ϕ	°	−75	−46	−30	30	46	75
θ	°	−40	−10	−5	16	25	55
n_y		−2.5	0.25	0.5	1.5	1.75	3.75
H	m·s^{-1}	−25	−7	−4.5	15	25	—

为更好地说明单次飞行过程安全谱的构建过程,选取背景飞机在平飞状态下以升降舵和副翼协调操纵下降转弯为典型案例,计算该飞行状态下各个飞行参数的安全谱,如图 7.3 所示,图 7.3 中最下一行为预测时间段内的综合安全谱。由于同一颜色的深浅分别表示风险区间的正负性,其代表的风险程度是相当的,故在计算总的飞行安全谱时,浅灰/深灰同用黑色表示,浅红/深红同用红色表示,浅黄/深黄同用黄色表示。需要说明的是,飞行员操纵动作具有方向性,在构建安全操纵空间时以正负号的形式表示。

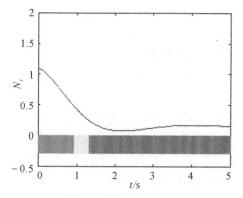

图 7.2 法向过载变化曲线及相应的风险色谱示意图

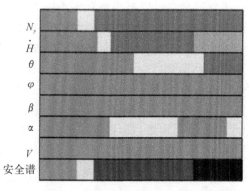

图 7.3 协调下降转弯情形的飞行安全谱示意图

图 7.3 直观地给出了不同安全参数的变化情况,在进行协调下降转弯的过程中,高度变化率和法向过载变化幅度最大,且在仿真末期高度变化率超限。因此,将高度变化率和法相过载确定为协调下降转弯操纵程序的主要敏感参数,驾驶员在操纵过程中需多加留意。飞行安全谱能够清晰明了地呈现针对具体飞行任务过程中,对飞行安全最为敏感的飞行参数。这一特征能够为驾驶员提供最直观、简洁的飞行风险提示,同时丰富了试飞工程师判定试飞风险、判明风险发展机理的手段和方法。

7.3 飞行安全操纵窗口设计方法

7.3.1 单次飞行过程风险确定方法

从安全谱的获得可以直观地看出飞机以某种指令飞行的风险演变过程,图 7.3 给出了指定操纵状态下预测时间段内的风险演化过程。然而,不同操纵量所对应的飞行安全谱是不同的。为衡量不同操纵动作的飞行风险等级,本节根据飞行安全谱所包含的风险信息,通过计算不同风险色所占百分比并赋权相加,量化计算指定操纵动作的风险值。

设定风险色黑、红、黄、绿分别占整个预测时间段的百分比为 P_b, P_r, P_y, P_g,将每个风险色代表的风险值定义为 V_b, V_r, V_y, V_g,那么整个预测时间段内的飞行风险值 R 可通过下式计算:

$$R = P_b V_b + P_r V_r + P_y V_y + P_g V_g \tag{7.1}$$

一旦安全谱中出现黑色区域即表示存在飞行参数超出许用范围的情况,可认为发生飞行事故,为清楚的区分飞行事故。黑色所对应的风险值 V_k 较大,若出现飞行参数超限,该操纵状态下的飞行风险要明显高于其他安全操纵状态。因此,设定 $V_b=30$,$V_r=4$,$V_y=2$,$V_g=1$。据此,图 7.3 飞行过程所对应的风险值为 1.828 0。

7.3.2 飞行安全操纵窗口拓扑结构设计

飞行安全谱可以直观地表示飞机以某操纵指令飞行过程中的风险演化过程;单一操纵指令下飞行风险量化是构建整个操纵空间飞行风险拓扑云图的基础。以指令副翼偏角、指令方向舵偏角和指令升降舵偏角构建三维操纵空间,将计算区域划分为若干计算单元,每个单元即对应了一种操纵指令下的飞行情形,运用上述方法计算该指令下的飞行风险值,进而可得到预测时间段内整个操纵空间的风险拓扑云图。

对整个操纵空间内的飞行风险度量计算点较多,计算工时过长。由于每个计算单元之间是相互独立的,风险值的计算互不干扰,因此将并行计算方法引入到飞机飞行动力学仿真中,可大大缩减计算时间,提高风险预测的时效性。经过大量尝试,通过设置并调用 Matlab Rapid Accelerator 模块进行并行计算,解决蒙特·卡罗仿真法数据计算量大、计算耗时过长等问题,能够加快计算进程、提高时效性。模块化并行计算流程如图 7.4 所示。

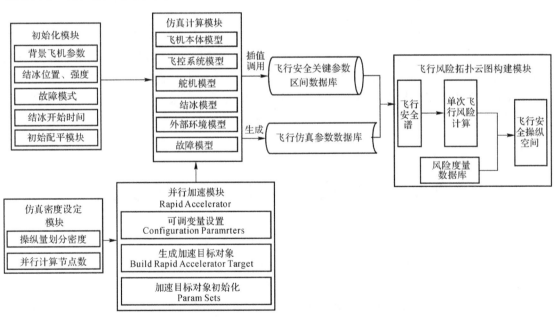

图 7.4 模块化并行计算流程

(1)初始化模块。设定背景飞机的机体参数,结冰位置和结冰强度,故障模式等参数,在上述参数设定完毕后,该型飞机对应的各个状态点下的飞行安全关键参数区间数据库即可确定。设定初始飞行状态,包括飞行速度(加速度不变)和高度两个参数,通过已搭建的复杂系统飞行动力学仿真平台进行初始化配平;设定进入结冰环境的时间和故障发生的时间。

(2)仿真密度设定模块。设定需要进行迭代计算的操纵点的个数,包括升降舵舵偏、副翼舵偏和方向舵舵偏的划分密度,如升降舵舵偏、副翼舵偏和方向舵舵偏可用操纵量分别每隔 1°

取值，为 $d_e \in [-30:1:20]$，$d_a \in [-30:1:20]$，$d_r \in [-45:1:54]$，则计算节点数为 $51 \times 51 \times 91 = 236\ 691$ 个表达为数组间隔 1 取值。

（3）并行加速模块。在 Rapid Accelerator 模式下，设定可调变量。本书将升降舵舵偏、副翼舵偏和方向舵舵偏设定为三个仿真计算过程中的可调变量，并通过 Build Rapid Accelerator Target 命令生成加速目标对象，并通过 Param Sets 命令对可调变量结构体进行初始化。

（4）仿真计算模块。通过并行加速命令 Parfor 调用仿真计算模块，开启并行计算。仿真计算模块由飞机本体模型、飞控系统模型、舵机模型、结冰模型、故障模型和外部环境模型等构成，运用四元数法求解飞机六自由度全量运动学方程。将每次仿真过程中的飞行参数数据保存在飞行仿真参数数据库中。

（5）飞行风险拓扑云图构建模块。调取飞行仿真参数数据库中的仿真数据，与飞行安全关键参数区间数据库对比，生成每次飞行仿真的飞行安全谱；依据 7.3.1 节中的飞行风险确定方法，计算出驾驶员所有可能的操纵策略所对应的风险值，基于此绘制风险拓扑云图。

飞行风险可视化计算节点搭载于曙光 128 核服务器上。对比分析不同情形下的仿真计算工时，见表 7.2。

表 7.2　并行与串行计算飞行仿真时间对比

计算方式	计算范围	计算节点数	计算工时/s
串行计算	$d_e \in [-30:2:20]$	37 076	36 188.44
	$d_a \in [-30:2:20]$		
并行计算（60 核）	$d_r \in [-45:2:45]$	37 076	4 329.14
串行计算	$d_e \in [-30:1:20]$	236 691	97 881.94
	$d_a \in [-30:1:20]$		
并行计算（60 核）	$d_r \in [-45:1:45]$	236 691	10 638.62

并行仿真计算所需计算工时明显小于串行仿真计算。需要注意的是，Matlab 调用服务器并行计算的开核过程所需时间较长，因此，在选取并行计算的核数时，应与所计算的节点数进行平衡，从而使得总计算时间较短。此外，Matlab 为二次开发语言，其运行速度（加速度不变）低于 C 语言等。

选取不同色彩表示不同风险值，需要指出的是，由于飞行风险事件对应的飞行风险值较大而安全操纵所对应的飞行风险值较小，所以飞行风险值跨度较大。为更加清晰地区分不同风险值所对应的颜色，提高风险色的分离度，本书将所有飞行风险值大于 4.5 的飞行情形均取为 4.5。由分析可知，当风险值大于 4 时，预测时间段内部分参数超限，因此风险阈值设定为 4.5，既能保证区分事故状态，也能保证低风险状态所对应的风险分离度。

图 7.5 所示为根据当前飞行状态预测未来 5 s 内的飞行安全操纵空间，初始飞行状态为高度 3 000 m，速度（加速度不变）150 m/s。图中白色方块为当前驾驶杆（盘）所对应的舵面位置。为进一步清晰地观察安全操纵能够空间的内部结构，选择不同方向舵偏角下所对应的二维飞行风险分布平面图形进行呈现，图 7.6 给出了指定方向舵指令偏角下的驾驶杆安全操纵窗口。

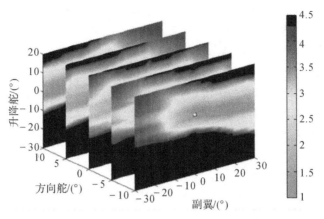

图 7.5　正常状态下飞行安全操纵空间

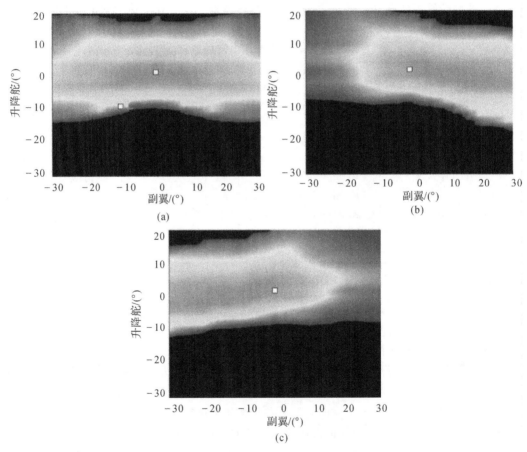

图 7.6　正常状态下飞行安全操纵窗口

(a)方向舵指令为 0°时；　(b)方向舵指令为 -10°时；　(c)方向舵指令为 +10°时

由图 7.6 可以清晰地发现，正常飞行状态下，方向舵偏度相同，方向不同时，如图 7.6(b)(c)所示，其飞行安全操纵窗口呈对称分布；当方向舵指令取为 0 时，如图 7.6(a)所示，飞行安全操纵窗口以副翼 0°为对称轴，呈轴对称分布。对于每一个安全操纵窗口底部的部分黑色区域而言,并不代表该范围内的飞行指令一定会导致飞行风险事件的发生,而是表示在预测时间段内飞机在黑色区域持续操纵时,无法保持稳定飞行,易引发高度下降率等参数超限。进一步分析,升降舵上偏所对应的颜色变化梯度小于升降舵下偏,表明同样的升降舵舵偏量,在预测时间段内进入俯冲阶段时的飞行风险大于进入爬升阶段时的风险。

这里所计算出来的安全操纵空间为驾驶员提供了一种新颖的安全飞行操纵方式上的风险告警与指示。正如前文所述,驾驶员在遭遇不利飞行情形(如控制舵面失效、单发故障、飞机结冰等)安全操纵边界改变时,最希望得到的是直观的具有预测性的安全操纵建议,这也正是本章提出的安全操纵空间的意义所在。接下来将运用前文所提出的方法,分析飞机在不同结冰情形下、故障情形下的安全操纵空间的变化以及飞行风险事件的致灾机理。需要说明的是,在实际飞行过程中,驾驶员并不靠观察二维或三维的色彩云图来进行飞行,这里以色彩化云图的方式来呈现只是为了直观地显示出飞机在不同结冰情形或故障状态下的可用运行范围的变化。在工程应用中,如何将上述风险信息以最合理的方式呈现给驾驶员需要进一步地研究。

7.4　案　例　分　析

7.4.1　对称结冰和非对称结冰情形下的安全操纵空间

结冰将破坏飞机所设计的气动外形,导致飞机动力学特性畸变,飞行稳定性、操纵性恶化等。本节以《军用固定翼飞机和旋翼机科研试飞风险科目》(GJB 626A—2006)中飞机结冰科目(No.44)为背景,分别分析对称结冰和非对称结冰两种条件下的飞行安全操纵空间,并阐述两种情形下的事故致灾机理。

1. 对称结冰与非对称结冰条件下的安全操纵空间计算

飞机的初始状态为 $H_0=3\,000$ m, $v_0=150$ m/s,从 0 s 开始进入结冰区域。计算范围设定在 $d_e\in[-30:2:20]$, $d_a\in[-30:2:20]$, $d_r\in[-45:2:54]$,计算节点数为 $26\times31\times46=37\,076$ 个,结冰恶化因子取常值,气象因子随预测时间呈线性变化,终值为 0.15。对称结冰和右侧除冰系统故障的非对称结冰情形下的安全操纵空间如图 7.7 和图 7.8 所示。分别选取方向舵指令偏角为 $0°$, $-10°$ 和 $+10°$ 时的驾驶杆操纵窗口进行分析,如图 7.9 和图 7.10 所示。

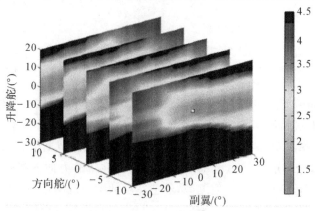

图 7.7　对称结冰时的飞行安全操纵空间

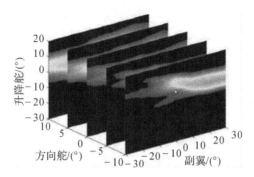

图 7.8 右侧机翼除冰系统故障时的飞行安全操纵空间

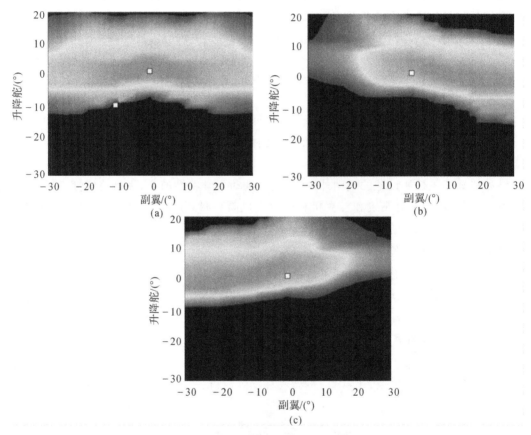

图 7.9 对称结冰时的飞行安全操纵窗口

(a)方向舵指令为 0°时； (b)方向舵指令为 −10°时； (c)方向舵指令为 +10°时

根据仿真结果可直观地发现，未结冰和对称结冰情况下，图 7.6(a)和图 7.9(a)均左右对称；且方向舵指令相反时，图 7.6(b)(c)、图 7.9(b)(c)分别左右对称。但结冰条件下的安全操纵空间明显缩减，如图 7.6(a)和图 7.9(a)所示，升降舵负操纵范围由 −13°缩减为 −10°。当方向舵指令不为 0 时，升降舵负操纵范围缩减更显著。在带有方向舵指令的操纵窗口中，绿色"安全"范围和"红色"危险范围也相应缩减，红色宽度的缩减说明危险梯度的增加，驾驶员尤其需要注意颜色梯度变化剧烈的区域。需要指出的是，因为仿真过程模拟的是机翼结冰，故对于未结冰的升降舵正操纵影响不明显。

当右侧机翼的除冰系统发生故障时,飞行安全操纵空间不但缩减严重,而且出现了不对称现象,如图 7.10(a)所示,此时副翼负操纵方向安全操纵区域显著缩减,即向除冰系统故障一侧滚转更危险。当方向舵指令为正时,如图 7.10(c)所示,安全操纵范围扩大,因为右侧机翼无法除冰导致出现升力差,向左压杆和向左蹬舵均能够促进左右机翼升力平衡,所以驾驶员在发现右侧机翼故障时,需努力减小两侧机翼的升力差。此外,由于红色范围的大幅缩减,危险梯度明显升高,驾驶员必须柔和操纵,避免操纵过量。

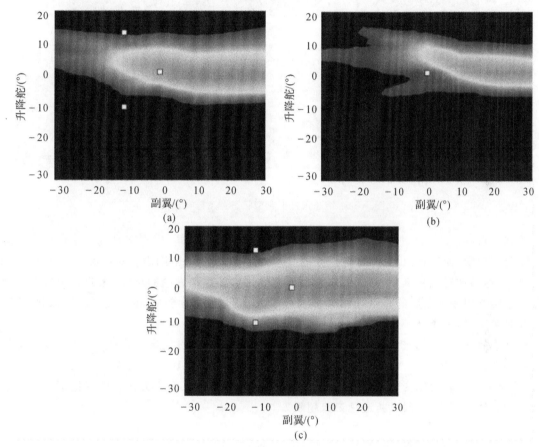

图 7.10　右侧除冰系统故障时的飞行安全操纵窗口
(a)方向舵指令为 0°时;　(b)方向舵指令为 −10°时;　(c)方向舵指令为 +10°时

2.结冰条件下的安全操纵机理分析

为研究对称结冰和非对称结冰条件下的飞行事故诱发机理,选取 6 个典型事故状态(如图 7.11 中白色方框所示),分析其飞行安全谱,以探究结冰条件下驾驶员操纵方法。仿真程序设定,当滚转角达到 150°时,即认为飞机状态不可恢复,飞行事故不可避免,仿真终止,如图 7.11(c)所示。

状态点(a)(b)(c)(d)的操纵输入指令相同,对比状态点(a)(b)(c)发现,结冰条件下飞机下降过程中,滚转角最容易超限,若伴随着方向舵指令协调操纵,如状态点(d),能够在一定程度上抑制滚转角的超限,但该状态下滚转角已达到危险状态,因此在结冰状态下协调下降时,滚转角为主要敏感参数,需特别注意滚转角是否超限。

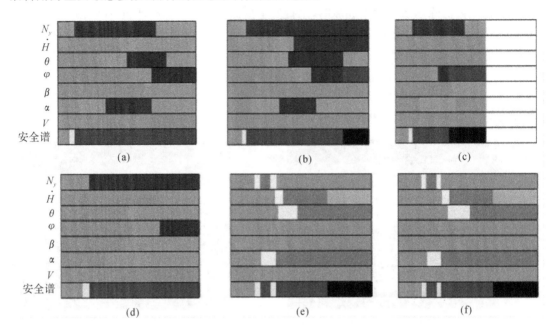

图 7.11   结冰条件下典型状态点飞行安全谱

状态点(e)(f)的驾驶杆操纵输入指令相同,方向舵指令不同,但在爬升过程中均出现了高度变化率超限,而滚转角和速度(加速度不变)均保持在安全的范围内。对比图 7.9 和图 7.10 发现,对称结冰对飞机爬升影响较小,但由于对称结冰仅存在理论的可能,因此驾驶员在结冰条件下爬升以脱离云层的操纵过程中,高度变化率为主要敏感参数,必须柔和操纵驾驶杆,减小拉杆幅度,缓慢爬升,避免参数超限,诱发飞行风险。

从事故演化过程分析,由于结冰导致气动性能恶化,不对称结冰易产生升力差,若要降低飞行高度脱离结冰云层,需注意驾驶杆和脚蹬的协调操纵,蹬舵方向与除冰系统故障方向相反,重点关注滚转角的变化情况;若要爬升以脱离结冰云层,需重点关注高度变化率的变化情况,柔和操纵,减小拉杆幅度,避免参数超限。

7.4.2   主舵面卡滞情形下的安全操纵空间

依据 SAE ARP4761 的要求,主舵面卡滞包括单侧副翼舵面卡滞、单侧升降舵面卡滞和方向舵面卡滞三个科目,在型号合格审定试飞中属于高风险科目。其中,方向舵面卡滞较为严重,属于Ⅱ类(失效概率为 1×10^{-7}/飞行小时)飞控系统危险性功能故障,较飞行事故(1×10^{-9}/飞行小时)的概率大了两个数量级。以方向舵面卡滞为例,介绍安全操纵空间。

1. 方向舵卡滞情形下安全操纵空间计算

本节的飞机初始状态和计算节点范围同 7.1 节,平飞状态下驾驶员蹬舵进行航线纠偏发生方向舵卡滞,以方向舵卡滞在 $-15°$ 位置为例。舵面卡滞时的驾驶员安全操纵空间如图 7.12(a)所示。

根据仿真结果可以清晰地看出,由于方向舵卡滞,驾驶员安全操纵空间大幅缩小。当前舵面位置为图 7.12 中(f)点所对应的方块,此构型下,驾驶员驾驶杆横向安全操纵范围由配平位置的全量输入缩减为[−2,30],驾驶杆纵向安全操纵范围由[−14,20]缩减为[−10,14],且驾驶杆的纵向和横向操纵必须协同。

方向舵卡滞在−15°的位置,不但导致安全操纵范围缩减,同时出现了不对称的情况:对于绿色区域飞机安全范围偏向右侧区域(即副翼取正值一侧),以平衡方向舵卡滞引入的偏航力矩;图 7.12 中黄色区域和红色区域下边界急剧减小,表明操纵危险梯度较大,驾驶员要特别注意该范围内操纵量的变化,黄色区域的上边界范围较宽,表明该区域的操纵安全裕度较大,飞行安全参数变化波动对操纵量的依赖性较低,能够保持在安全范围内。

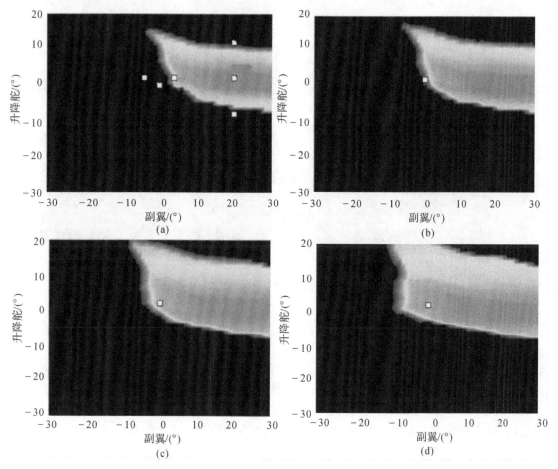

图 7.12　方向舵卡滞条件下的飞行安全操纵空间

(a)v=150 m/s; (b)v=140 m/s; (c)v=130 m/s; (d)v=120 m/s

(1)安全操纵空间不对称原因分析。飞机发生方向舵卡滞在−15°时,副翼正操纵一侧的可用范围较大,负操纵一侧几乎不可用,为分析原因,在图 7.12(a)中选取两个状态点(a)(b)进行对比。这两个状态点对应的飞行安全谱如图 7.13(a)(b)所示。

对比图 7.13 中(a)(b)两个状态点,当飞机偏向方向舵故障一侧滚转时,极易引发滚转角迅速超限,而向另一侧滚转时,安全范围较大,但是当副翼正值选取过小时,在预测时间段的末尾,滚转角由于不能完全平衡方向舵引起的偏航力矩和滚转力矩,滚转角发展缓慢但也有正超限趋势,因此驾驶员需特别注意,缓慢正压杆修正副翼输入量,以平衡滚转力矩和偏航力矩。因此,舵面卡滞条件下,滚转角为主要敏感参数。

(2)油门影响分析。图 7.12 中给出了不同速度(加速度不变)状态下方向舵卡滞在 $-15°$ 位置时的飞行安全操纵窗口,由图 7.12 对比分析可得,飞机突遇方向舵卡滞时,适当收油门降低飞行速度(加速度不变),安全操纵范围有增大趋势,当然必须与驾驶杆进行协同操纵。因此,在舵面卡滞故障模式下,油门操纵量较为敏感。

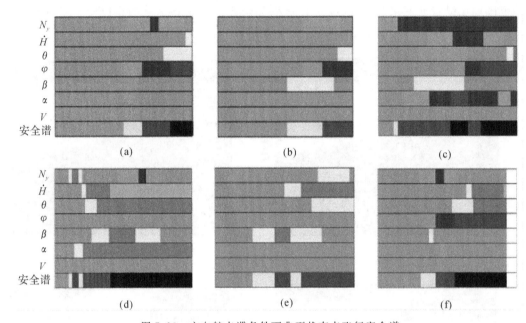

图 7.13   方向舵卡滞条件下典型状态点飞行安全谱

2.方向舵卡滞情况下的安全操纵机理分析

为研究方向舵卡滞情形下的飞行事故致灾机理,选取图中 4 个典型状态点,这 4 个状态点的参数及其所对应的飞行安全谱如图 7.13(c)(f)所示。

方向舵卡滞时,若驾驶员不进行操纵,飞机将快速滚转,快回路中的滚转角超限并不可逆。仿真中设定当滚转角达到 150°时仿真即停止,如图 7.13(f)所示,在 4.62 s 时,滚转角已到达极限值,仿真停止。状态点(c)(d)(e)的副翼操纵指令相同而升降舵操纵指令不同。对比分析发现,状态点(c)的拉杆操纵指令虽然刚刚超出安全范围,但迎角和滚转角均迅速超出右边界,且滚转角超限后没有恢复到安全范围的趋势;状态点(d)推杆指令略大于安全范围,迎角处于危险状态,但高度变化率则迅速超出左边界,5 s 内飞机高度降低约 200 m。在缓慢协调操纵驾驶杆,从初识状态位置(f)到(e)点的过程中,飞行速度(加速度不变)保持平稳,高度略有降低,且滚转角保持在 30°之内。副翼和升降舵的协调操纵能够使得飞机较好平稳运行。

从事故演化过程来看,往往是由于方向舵卡滞引入了较大的偏航力矩,若不能及时操纵副翼抵消偏转力矩,并协调拉杆,保持一定的俯仰角,飞机很容易急速滚转并下坠,引发飞行事故。因此,在出现方向舵卡滞的情况下,应及时反向操纵副翼以抵消偏航力矩和滚转力矩,并协调小幅度拉杆以保持飞行高度和速度(加速度不变)。驾驶员和飞控系统应重点关注敏感参数——高度变化率和滚转角,这与 Trujillo 的研究结论类似。

7.4.3　单发失效情形下的安全操纵空间

根据 AC 25 - 1309,单发失效概率(1×10^{-5}/飞行小时)远大于飞机失事概率(1×10^{-7}/飞行小时),因此确保单发失效情形下的飞行安全至关重要。同时,单发失效情况下的飞行性能和操稳特性评价也是型号定型试飞、适航审查等工作的重要内容之一。

1.单发失效情形的安全操纵空间计算

本节的飞机初始状态和计算节点范围同 7.1 节,平飞状态下右侧发动机故障,并在开始仿真时刻(0 s)失去动力。该情形下的驾驶员安全操纵空间如图 7.14 所示。背景飞机为双发飞机,在单侧发动机失效后,飞机将不可避免地因推力不对称而引入偏航力矩。飞行员需要特别注意控制驾驶杆和油门,以平衡偏航力矩和由其诱发的滚转力矩,避免飞机产生侧滑、滚转并掉高度。为确保单发情况下的动力输出,图 7.14 中油门位置设置在 80% 最大油门输出量。为了更清晰地查看安全操纵空间内部分布情况,图 7.15 给出了不同升降舵偏度条件下的安全操纵窗口。

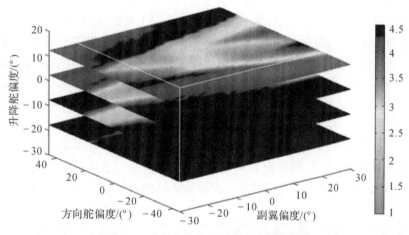

图 7.14　单发失效情况下的安全操纵空间

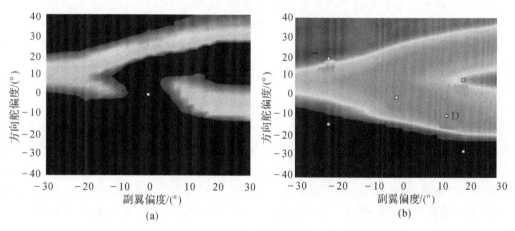

图 7.15　不同升降舵偏度条件下的单发失效安全窗操纵口[(a)~(c)预测时间 5 s,(d)预测时间 15 s]
(a)D点处的升降舵偏度为−8°;　(b)D点处的升降舵偏度为+1.935 4°(配平值);

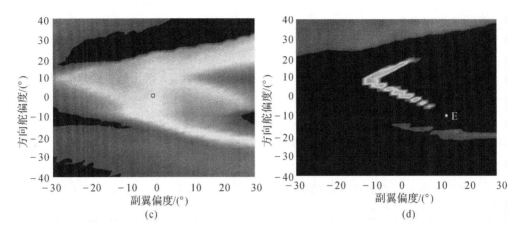

续图 7.15　不同升降舵偏度条件下的单发失效安全窗操纵口［(a)～(c)预测时间 5 s,(d)预测时间 15 s］
(c)E 点处的升降舵偏度为+12°；　(d)E 点处的升降舵偏度为+1.935 4°(长预测时间, 15 s)

观察图 7.14 和图 7.15(a)(c),单侧发动机故障后安全可操纵范围大幅缩减,尤其是可用升降舵操纵指令范围缩减最为严重。由于推力丧失和由偏航引起的阻力增大,飞机无法保持速度(加速度不变)和升力,因此飞机爬升动力不足、负向升降舵指令缩减严重。如图 7.15(b)所示,单侧发动机故障后,负向方向舵可用范围大幅缩减,安全操纵空间呈现典型的不对称分布,说明在同样的升降舵指令偏度下,飞机向故障发动机一侧轻微滚转的安全区域更大,因为右侧发动机故障后引入了正向偏航力矩,而正向方向舵指令将有效抵消一部分偏航趋势。当将预测时间增加到 15 s 时,图 7.15(d)基本被黑色覆盖,这是由于偏航阻尼的影响,一次发动机故障后,在较短的预测时间内飞机产生的侧滑角和坡度角没有立即发散。图 7.16(d)中给了预测时间5 s和15 s时的飞行安全谱,对应 7.15 中的 D 点和 E 点,图 7.16 中的黑色分界线对应于 5 s 时刻,以区分 D 点和 E 点的安全谱。

需要注意的是,油门操纵量应与驾驶杆操纵量相匹配,以防因不对称推力导致偏航力矩增大而产生过大侧滑角。

2.单发失效情况下的安全操纵机理分析

为进一步探索单发失效情况下的事故致灾机理,从图 7.15 中选择了 8 个典型状态点,其对应的飞行安全谱如图 7.16 所示。选取了相同升降舵偏度指令下的 4 个状态点(F,G,H,J),以对比横航向的安全操纵和事故演化过程。选取了相同方向舵指令偏度和副翼指令偏度下的三个状态点(A,B,C),以对比不同升降舵指令偏度时的致灾机理。图 7.16(h)中的空白部分表明在预测时间内,仿真已经提前停止,因为飞机的滚转角已经达到了临界值(±150°),此时认为飞行员已经无法改出、飞行事故无法避免。

图 7.16(b)中最显著的特点是每个参数的变化范围均在安全区域内,这是由于飞机的偏航阻尼较大,在 5 s 的预测时间内,飞行安全关键参数的变化幅度尚且较小。图 7.16(a)中,在升降舵负指令下,飞机俯仰角增大,速度(加速度不变)降低,由于机身两侧推力和升力不对称,飞机开始向故障发动机一侧滚转。而在升降舵正指令下[见图 7.16(c)],垂直速度(加速度不变)和法向过载均逼近其极限值。通过对比,当一侧发动机故障时,飞行速度(加速度不变)损失明显而其他飞行安全关键参数变化相对较慢。飞行员需要特别关注滚转角的变化情况,尤其是在高度较低、需要爬升时;在转弯调整航向过程中,应尽量选择向发动机故障一侧转弯,减

小对发动机故障一侧的升力需求,避免因升力损失而突然滚转。

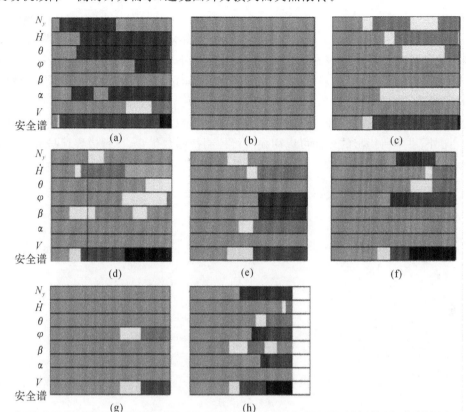

图 7.16　单侧发动机失效情形下的典型状态点飞行安全谱

综合上述分析,飞行仿真结果表明当单侧发动机失效时,飞行事故的发生往往伴随着滚转角超限。而且由于推力损失导致飞机无法维持一定的升力需求,飞机以较大的垂直速度(加速度不变)掉高度。因此,飞行员应适当柔和地增加油门偏度以提高飞行速度(加速度不变),补偿推力损失,以避免法向速度(加速度不变)超出许用范围。同时,为确保飞行安全,应当操纵副翼和方向舵以平衡不对称推力引起的偏航力矩,由于安全操纵裕度较小,操纵一定要柔和。单发失效情况下,飞行员或飞控系统需要特别关注三个敏感参数——滚转角、飞行速度(加速度不变)和高度变化率。

7.5　本 章 小 结

为提高复杂状态下的驾驶员感知飞行风险的能力和获取最便捷的安全操纵策略,本章提出了飞行安全操纵空间的构建方法。基于多因素耦合作用下的复杂动力学系统仿真,本章分别研究了对称结冰、非对称结冰、舵面卡滞、单发失效等典型案例,分析了飞行安全操纵空间的构建方法,飞行事故演化过程,不同飞行状态下的敏感参数确定方法和飞行事故诱发机理。安全操纵空间能够直观地显示当前安全操纵裕度和安全操纵轨迹,提高驾驶员复杂环境下和故障模式下的情景感知能力,降低驾驶员工作负荷,尽量降低误操纵或粗暴操纵引发的飞行风险,保障飞行安全。

本书所提案例均是以第 2 章所构建的背景飞机为研究对象构建飞行安全操纵空间,受机型气动特性、故障模式和环境因素建模准确性的影响,不同飞机的飞行安全操纵空间略有不同。本书重点阐述了飞行安全谱、风险量化和操纵空间的计算方法,对复杂情形下的致灾机理和安全操纵具有一定的借鉴意义。对飞行安全操纵空间的合理化显示,外部环境模型和故障模式模型的精准化构建以及不同飞行状态下飞行安全参数风险区间数据库构建有待进一步研究完善。此外,书中所提出的方法可以用在飞行控制律参数优化、飞行边界保护和飞行事故可视化重现等方面。

参 考 文 献

[1] RONALD A. Design for robust aircraft flight control[J]. AIAA Journal, 2018,55(2): 875 – 886.

[2] 国防科学技术工业委员会. 系统安全性通用大纲:GJB 900—1990[S]. 北京:航空航天工业部,1990.

[3] 国防科学技术工业委员会. 有人驾驶飞机(固定翼)飞行品质:GJB 185—1986[S]. 北京:航空航天工业部,1986.

[4] 国防科学技术工业委员会. 电传操纵系统飞机的飞行品质:GJB 2874—1997[S]. 北京:航空航天工业部,1997.

[5] Standard practice for system safety:MIL – STD – 882D[S]. Washington D. C. :United States Department of Defense,1996.

[6] ZEPPETELLI D, HABASHI W G. In – flight icing risk management through computational fluid dynamics – icing analysis[J]. Journal of Aircraft, 2012,49(2):611 – 621.

[7] MOSCARDINI C, BERIZZI F, MARTORELLA M, et al. Signal spectral modeling for airborne radar in the presence of windshear phenomena[J]. IET Radar Sonar Navigation, 2011,5(7):796 – 805.

[8] WIGGINS M W. Differences in situation assessments and prospective diagnoses of simulated weather radar returns amongst experienced pilots[J]. International Journal of Industrial Ergonomics, 2014,44:18 – 23.

[9] BROEREN A P, WHALEN E A, BUSCH G T, et al. Aerodynamic simulation of runback ice accretion [J]. Journal of Aircraft, 2010, 47(3):924 – 939.

[10] FUJIWARA G E C, BRAGG M B. Method for designing hybrid airfoils for icing wind – tunnel tests [J]. Journal of Aircraft, 2019,56(1):137 – 149.

[11] LENG M Y, CHANG S N, LIAN Y S, et al. Experimental study of water film dynamics under wind shear and gravity [J]. AIAA Journal, 2018,56(5):1803 – 1811.

[12] ALAM M F, THOMPSON D S, WALTERS D K. Hybrid Reynolds – averaged Navier – Stokes/large – eddy simulation models for flow around an iced wing [J]. Journal of Aircraft, 2015,53(1):244 – 256.

[13] TONG X, THOMPSON D, ARNOLDUS Q, et al. Three – dimensional surface evolution and mesh deformation for aircraft icing applications [J]. Journal of Aircraft, 2017, 54(3):1047 – 1063.

[14] WHALEN E A, BRAGG M B. Aircraft characterization in icing using flight test data [J]. Journal of Aircraft, 2015,42(3):792 – 794.

[15] HU T, LV H, TIAN B, et al. Choosing Critical ice shapes on airfoil surface for the

icing certification of aircraft[J]. Procedia Engineering, 2014,80:456 - 466.

[16] LI X, BAI J Q, HUA J, et al. A spongy icing model for aircraft icing [J]. Chinese Journal of Aeronautics, 2014,27(1):40 - 51.

[17] RATVASKY T P, BARNHART B P, LEE S. Current methods modeling and simulating icing effects on aircraft performance, stability, control [J]. Journal of Aircraft, 2010,47 (1):201 - 211.

[18] QU L, LI Y H, XU H J, et al. Aircraft nonlinear stability analysis and multidimensional stability region estimation under icing conditions[J]. Chinese Journal of Aeronautics, 2017, 30(3):976 - 982.

[19] CAO Y H, WU Z L, SU Y, et al. Aircraft flight characteristics in icing conditions [J]. Progress in Aerospace Sciences, 2015,74:62 - 80.

[20] LAMPTON A, VALASEK J. Prediction of icing effects on the lateral directional stability and control [J]. Aerospace Science and Technology, 2012, 23:305 - 311.

[21] AYKAN R, HAJIYEV C, CALISKAN F. Kalman filter and neural network - based icing identification applied to A340 aircraft dynamics [J]. Aircraft Engineering and Aerospace Technology, 2005,77:23 - 33.

[22] CALISKAN F, AYKAN R, HAJIYEV C. Aircraft icing detection, identification, and reconfigurable control based on Kalman filtering and neural networks [J]. Journal of Aerospace Engineering, 2008,21(2):51 - 60.

[23] LI Z, XU H J, XUE Y, et al. Study on flight safety manipulation space under complex conditions [J]. Proceedings of the Institution of Mechanical Engineers, Part G:Journal of Aerospace Engineering, 2019,233(2):725 - 735.

[24] CARROLL T C, MCAVOY W H. Formation of ice on airplanes [J]. Airway Age, 1928,9:58 - 59.

[25] ANSELL P J, BRAGG M B, KERHO M F. Stall warning using flap hinge moment measurements [J]. Journal of Aircraft,2011, 48(5):1822 - 1824.

[26] CHUNG J, REEHORST A, CHOO Y, et al. Navier - Stokes analysis of flow field characteristics of an ice - contaminated aircraft wing [J]. Journal of Aircraft,2000, 37(6):947 - 959.

[27] PAN J, LOTH E. Reynolds - Averaged Navier - Stokes simulations of airfoils and wings with ice shapes [J]. Journal of Aircraft, 2004, 41(4):879 - 891.

[28] MELODY J W,ILILLBRAND T,BASAR T,et al. after H parameter identification for inflight detection of aircraft icing:the time - varying case [J]. Control Engineering Practice,2001, 9(12):1327 - 1335.

[29] LAMPTON A, VALASEK J. Prediction of icing effects on the dynamic response of light airplanes [J]. Journal of Guidance, Control, and Dynamics,2007, 30(3):722 - 732.

[30] FRANK T L, ABDOLLAH K. Effects of ice accretions on aircraft aerodynamics [J]. Progress in Aerospace Sciences,2001,37(8):669 - 767.

［31］ SHARMA V，VOULGARIS P G，FRAZZOLI E. Aircraft autopilot analysis and envelope protection for operation under icing conditions［J］. Journal of Guidance, Control, and Dynamics，2004,27(3):454 − 465.

［32］ 易贤,桂业伟,朱国林. 飞机三维结冰模型及其数值求解方法［J］. 航空学报，2010,31 (11):2152 − 2158.

［33］ 易贤. 飞机结冰的数值计算与结冰试验相似准则研究［D］. 绵阳:中国空气动力研究与发展中心，2007.

［34］ 郭向东，王梓旭，李明，等. 结冰风洞中液滴相变效应数值模拟［J］. 航空学报，2018, 39(3):121586.

［35］ 郭龙，程尧，王梓旭. 结冰风洞试验段云雾粒径测量与控制实验研究［J］. 实验流体力学，2018，32(2):55 − 60.

［36］ 杜雁霞，李明，桂业伟. 飞机结冰热力学行为研究综述［J］. 航空学报，2017,38(2): 520706.

［37］ 张恒,李杰,龚志斌. 多段翼型缝翼前缘结冰大迎角分离流动数值模拟［J］. 航空学报，2017，38(2):520733.

［38］ 桑为民，蔡蔡，鲁天. 变形破碎特性对 SLD 结冰过程影响［J］. 航空动力学报，2017, 32(7):1537 − 1544.

［39］ 桑为民，鲁少华，鲁天. 过冷大水滴动力学特性对结冰影响数值研究［J］. 空气动力学学报，2016,34(5):549 − 555.

［40］ 桑为民，贾韫泽，鲁天. 水滴撞击飞溅效应对过冷大水滴结冰影响研究［J］. 西北工业大学学报，2016,34(5):739 − 746.

［41］ 徐忠达，苏媛，曹义华. 积冰对飞机操纵性的影响与仿真［J］. 北京航空航天大学学报，2012,38(7):941 − 946.

［42］ 徐忠达，苏媛，曹义华. 平尾积冰对飞机纵向气动参数的影响［J］. 航空学报，2013,34 (7):1563 − 1571.

［43］ 王明丰，王立新，黄成涛. 积冰对飞机纵向操稳特性的量化影响［J］. 北京航空航天大学学报，2008,34(5):592 − 595.

［44］ 邢玉明，刘海丽，徐柳青. 飞机发动机结冰研究进展［J］. 空军工程大学学报，2011,12 (6):8 − 12.

［45］ 刘森云，沈一洲，朱春玲，等. 液滴撞击超疏水表面的能量耗散机制［J］. 航空学报，2017,38(2):520710.

［46］ 张智勇. 结冰飞行动力学特性与包线保护控制律研究［D］. 南京:南京航空航天大学，2006.

［47］ 孟繁鑫. 机翼结冰模拟中关键问题的研究［D］. 南京:南京航空航天大学，2013.

［48］ 应思斌,艾剑良. 飞机结冰包线保护对开环飞行性能影响与仿真［J］. 系统仿真学报，2010，22(10):2273 − 2301.

［49］ DONG Y，AI J. Research on inflight parameter identification and icing location detection of the aircraft［J］. Aerospace Science and Technology，2013,29:305 − 312.

［50］ 刘娟. 大型客机增升翼型 SLD 结冰模拟及气动特性分析［D］. 上海:上海交通大学，

2014.

[51] 孔满昭,段卓毅,马玉敏. 机翼展向不同部位结冰对飞机气动力特性影响研究[J]. 实验流体力学,2016,30(2):32-37.

[52] 史刚. 冰脊对 Y-8 飞机副翼铰链力矩的影响分析[J]. 飞行力学,2015,33(4):361-367.

[53] 李勤红,乔建军,陈增江. Y7-200A 飞机自然结冰飞行试验[J]. 飞行力学,1999,17(2):64-69.

[54] 杨新亮. ARJ21-700 飞机机翼防冰系统自然结冰试飞方法[J]. 飞行力学,2014,32(5):460-463.

[55] 于庆芳. Y-12Ⅱ型飞机结冰对其飞行特性影响的试飞研究[J]. 飞行力学,1995,13(2):63-70

[56] 徐浩军,刘东亮,孟捷,等. 基于系统仿真的飞行安全评估方法[M]. 北京:国防工业出版社,2011.

[57] MOHAGHEGH Z, KAZEMI R, MOSLEH A. Incorporating organizational factors into Probabilistic Risk Assessment (PRA) of complex socio-technical systems: A hybrid technique formalization [J]. Reliability Engineering and System Safety, 2009, 94:1000-1018.

[58] BROOKER P. Experts, Bayesian belief networks, rare events and aviation risk estimates [J]. Safety Science, 2011,49:1142-1155.

[59] OCAMPO J, MILLWATER H, SINGH G, et al. Development of a probabilistic linear damage methodology for small aircraft [J]. Journal of Aircraft, 2011,48(6):2090-2106.

[60] ARNE E. The art of measuring nothing: The paradox of measuring safety in a changing civil aviation industry using traditional safety metrics [J]. Safety Science, 2010, 48:1520-1529.

[61] 霍志勤. 对多因子诱发航空事故的思考[J]. 中国民航飞行学院学报,2004,22(2):29-33.

[62] FLEMING C H, SPENCER M, THOMAS J, et al. Safety assurance in Next-Gen and complex transportation systems [J]. Safety Science, 2013,55:173-187.

[63] MENDONCA C B, SILVA E T, CURVO M. Model-based flight testing[J]. Journal of Aircraft, 2013, 50(1):176-186.

[64] REDERIC B, PHILIPPE R. The Airbus A380-an AFDX-based flight test computer concept [J]. Instrumentation and Measurement magazine,2005,8(3):55-58.

[65] TORENBEEK E. Blended-wing-body aircraft:a historical perspective[J]. Encyclopedia of aerospace engineering, 2010(8):1-10.

[66] IVAN Y B. Automated planning exploration and mapping of complex operational domains of flight using multifactor situational trees[J]. SAE Int. J. of Aerosp, 2011,4(2):1149-1175.

[67] 陈磊,焦健,赵廷弟. 基于模型的复杂系统安全分析综述[J]. 系统工程与电子技术,

2017，39(6):1287－1291.

[68] 周经纶，龚时雨，颜兆林. 系统安全性分析[M]. 长沙:中南大学出版社,2003.

[69] 蒋平，邢云燕，王冬,等. 复杂系统故障安全风险评价方法[J]. 国防科技大学学报，2014，36(6):117－122.

[70] 郭媛媛，孙有朝，李龙彪. 基于蒙特·卡罗方法的民用飞机故障风险评估方法[J]. 航空学报，2017,38(10):221126.

[71] 徐璇. 面向适航的民机系统动态故障树分析方法研究[D]. 南京:南京航空航天大学,2017.

[72] 王祥. 面向持续适航的民机系统安全性分析技术研究[D]. 南京:南京航空航天大学,2017.

[73] 陈康. 基于贝叶斯网络的飞行控制系统安全性分析方法研究[D]. 南京:南京航空航天大学,2015.

[74] 孟庆贺. 基于正向推理的航空工程系统故障树建模理论与方法[D]. 西安:西北工业大学,2017.

[75] 冯蕴雯，宣建林，国志刚,等.飞行器多因素突发性灾难事故的预防及其算法[J].航空学报,2007,28(1):146－150.

[76] 王玉鑫. 主起落架系统的系统安全性分析方法研究[D]. 天津:中国民航大学,2009.

[77] 刘晓东，何元清，DCBOEACH F. 基于 FDR 的飞行安全定量评价模型 FRAM－FD[J]. 电子科技大学学报，2006，35(1):96－99.

[78] 陈曦. 基于贝叶斯网络的机载通信系统安全性评估分析研究[D]. 天津:中国民航大学,2016.

[79] 周自全，张子彦. 飞行试验工程[M]. 北京:航空工业出版社,2010.

[80] 陆慧娟，高波涌，周国裕,等. 飞行安全及事故分析的三维仿真模拟系统的研究[J]. 计算机应用，2005，25(8):1959－1961.

[81] 桂业伟，周志宏，李颖晖,等. 关于飞机结冰的多重安全边界问题[J]. 航空学报，2017,38(2):520723.

[82] 李哲，徐浩军，薛源,等. 结冰条件下人机环复杂系统分布式仿真方法[J]. 系统工程与电子技术，2018,40(5):1167－1174.

[83] 李哲，徐浩军，薛源,等. 基于风险预测的飞行安全操纵空间构建方法[J]. 北京航空航天大学学报，2018,44(9):1839－1849.

[84] 刘东亮. 多因素耦合复杂飞行情形建模仿真与风险评估方法研究[D]. 西安:空军工程大学,2013.

[85] 徐浩军，李颖晖，李哲. 飞行安全理论与分析[M]. 北京:科学出版社,2017.

[86] 高金源，李陆豫，冯亚昌,等. 飞机飞行品质[M]. 北京:国防工业出版社,2003.

[87] 张露，李杰. 基于 RANS/LES 方法的超声速底部流场数值模拟[J]. 航空学报，2017，38(1):120102.

[88] 张恒，李杰，龚志斌. 基于 IDDES 方法的翼型结冰失速分离流动数值模拟[J]. 空气动力学学报，2016,34(3):283－288.

[89] 李维浩，易贤，李伟斌. 过冷大水滴变形与破碎的影响因素[J]. 航空学报，2018，39

(12):22 - 43.

[90] 郭林亮,祝明红,傅澔. 水平风洞中开展飞机尾旋特性研究的理论分析[J]. 航空学报,2018,39(6):122030.

[91] MCRUER D T. Human dynamics in man - machine systems [J]. Automatica, 1980, 16:237 - 253.

[92] 屈香菊,魏宏,官建成. 驾驶员结构模型中感受机构的数学模型化[J]. 航天医学与医学工程,2001, 14(2):123 - 12.

[93] KLEINMAN D L, BARON S. A control theoretic model for piloted Approach to landing[J]. Automatica, 1973, 9:339 - 347.

[94] 龙升照,姜淇远. 人机系统中人的模糊控制模型[J]. 宇航学报,1982(2):12 - 17.

[95] 王涛,方振平,谷雷. 驾驶员模糊控制模型与仿真分析[J]. 飞行力学,2000,18(2):35 - 38.

[96] 葛志浩,徐浩军. 基于最优控制的 ANN 驾驶员模型与仿真分析[J]. 信息与控制, 2004, 33(6):698 - 671.

[97] 谭文倩,屈香菊,王维军. 驾驶员神经网络模型与频域拟线性模型的比较研究[J]. 航空学报, 2003, 24(6):481 - 485.

[98] 周义. 民用飞机驾驶员诱发振荡特性研究[D]. 南京:南京航空航天大学,2015.

[99] 刘海良,王立新. 基于数字虚拟飞行的民用飞机纵向地面操稳特性评估[J]. 航空学报, 2015, 36(5):1432 - 1441.

[100] 刘嘉,向锦武,张颖,等. 自适应飞机驾驶员最优控制模型研究及应用[J]. 航空学报, 2016, 37(4):1127 - 1138.

[101] 赵振宇,韩维,陈俊锋. 舰载飞机着舰下滑跃升操纵策略方针与分析[J]. 飞行力学, 2016,34(2):1 - 4.

[102] 屈香菊,崔海亮. 舰载机进舰任务中的驾驶员变策略控制模型[J]. 北京航空航天大学学报,2003,29(11):993 - 997.

[103] 朱策,方振平. 飞机着陆下滑状态人-机系统动态特性分析[J]. 航空学报,2000, 21(6):500 - 503.

[104] 管高智,谭文倩,孙立国. 副翼卡死故障下的时变驾驶员模型研究[J]. 飞行力学, 2018, 36(4):20 - 24.

[105] 魏巍,孙秀霞,吕茂隆. 超低空空投非线性 PIO 预测方法[J]. 空军工程大学学报(自然科学版), 2018, 19(6):27 - 32.

[106] 葛培华. 人-机-精神[M]. 北京:中国人民解放军空军飞行安全局,2002.

[107] 李成忠,肖业伦,方振平,等. 军用规范:有人驾驶飞机的飞行品质(MIL - F - 8785C)的背景资料和使用指南[M]. 西安:飞行力学杂志社,1985.

[108] 肖业伦,金长江. 大气扰动中的飞行原理[M]. 北京:国防工业出版社,1993.

[109] 《飞行力学》编辑部. 飞机飞行品质计算手册[M]. 西安:西北工业大学出版社,1983.

[110] 冯炳灿,孔德仁. 反射内存网络在实时测控系统中的应用[J]. 计算机测量与控制, 2011, 19(1):60 - 62.

[111] 中国人民解放军总装备部.军用固定翼飞机和旋翼机科研试飞风险科目:GJB 626A—

2006[S].北京:中国人民解放军空军,2006.

[112] 庄敏. ARJ21 万里寻冰记[J]. 大飞机,2014(2):24 - 31.

[113] 中国人民解放军总装备部.有人驾驶飞机(固定翼)飞行品质:GJB 185—1986[S].北京:中国人民解放军空军,1987.

[114] 雷桂媛.关于蒙特卡罗及拟蒙特卡罗方法的若干研究[D].杭州:浙江大学,2003.

[115] STELIOS D B, DIMITRIS A G. Estimation of value - at - risk by extreme value and conventional methods:a comparative evaluation of their predictive performance[J]. Journal of International Financial Markets, Institutions & Money, 2006, 8: 209 - 228.

[116] 朱国庆,张维,张小薇,等.极值理论应用研究进展评析[J].系统工程学报,2001, 16(1):72 - 77.

[117] BORTKIEWICZ L V. Variationshreite and mittlerer Febler, Sitzungsber [J]. Berli Math. Ges,1922,21:3 - 11.

[118] MISES R V. Uner die Variationsbreite einer Beobachtungsrcihe [J]. Sitzungsber. Berlin. Math. Ges, 1923,22:3 - 8.

[119] DODD E L. The greatest and least variate under general laws of error[J]. Trans. Amer. Math. Soc,1923,25:525 - 539.

[120] TIPPETT L H C. On the extreme individuals and the range of samples taken from a normal population [J]. Biometrika,1925,17:364 - 387.

[121] FISHER R A, TIPPETT L H C. Limiting forms of the frequency distribution of the largest or smallest member of a sample [J]. Procs. Cambridge Philos. Soc. ,1928, 24:180 - 190.

[122] HAAN L D E. On regular variation and its application to the weak convergence of sample extremes [J]. Automatica, 1970,13:235 - 240.

[123] 张卫东,李茂林,张秀梅,等.极值理论在地震危险性分析中的应用与研究[J].东北地震研究, 2005,21(1):24 - 29.

[124] 吕秀艳,刘德辅,牟善军,等.极端海况下海洋石油结构的风险评估[J].中国安全科学学报,2004, 14(12):95 - 99.

[125] HAEEIS R I. The accuracy of design values predicted from extreme value analysis [J]. Journal of Wind Engineering and Industrial Aerodynamics, 2001, 89:153 - 164.

[126] STUART C, LUIS R P, SCOTT S. A fully probabilistic approach to extreme rainfall modeling[J]. Journal of Hydrology, 2003, 273:35 - 50.

[127] JOSHUA F, PIOTR K, STILIAN S. Quantifying the risk of heat waves using extreme value theory and spatio - temporal functional data[J]. Computational Statistics & Data Analysis, 2019,131:176 - 193.

[128] GKILLAS K, KATSIAMPA P. An application of extreme value theory to cryptocurrencies [J]. Economics Letters, 2018,164:109 - 111.

[129] 史道济.实用极值统计方法[M].天津:天津科学技术出版社,2006.

[130] 杨振海,程维虎,张军舰.拟合优度检验 [M].北京:科学出版社,2011.

[131] 高惠璇. 应用多元统计分析[M]. 北京:北京大学出版社,2005.

[132] 宗序平. 数理统计学及其应用[M]. 北京:机械工业出版社,2016.

[133] 张孔生. 二元 Copula 的构造估计及其应用研究[D]. 江苏:东南大学,2017.

[134] NELSEN R B. An introduction to Copulas [M]. 2nd ed. New York:Springer, 2006.

[135] 李清都,杨晓松. 二维不稳定流形的计算[J]. 计算物理,2005,22(6):549 - 554.

[136] 陈燕,陈晓丽,王凤琴.双曲平衡点的二维流形计算方法[J]. 计算机应用,2010,30 (11):2921 - 2923.

[137] 贾蒙,樊养余,李慧敏. 基于自适应因子轨道延拓法的不变流形计算[J]. 物理学报, 2010,59(11):7686 - 7692.

[138] 马颖,贾蒙. 尺度自适应准则计算二维流形[J]. 西北工业大学学报,2012,32(11): 865 - 868.

[139] 郑无计,李颖晖,屈亮,等. 基于正规形法的结冰飞机着陆阶段非线性稳定域[J]. 航空学报,2017,38(2):520714.

[140] KEVIN M, ILYA K. Fast computable recoverable sets and their use for aircraft loss - of- control handling [J]. Journal of Guidance, Control, and Dynamics, 2017, 40(4):934 - 947.

[141] BORST C, SJER F A, MULDER M, et al. Ecological approach to support pilot terrain awareness after total engine failure[J]. Journal of Aircraft, 2008,45(1): 159 - 171.

[142] BORST C, GROOTENDORST F H, BROUWER D I K, et al. Design and evaluation of a safety augmentation system for aircraft[J]. Journal of Aircraft, 2014,51(1):12 - 22.

[143] TAN W, GUY A B. Iterative designs of onboard context - sensitive information system for commercial aircrafts [J]. Journal of Transport Information and Safety, 2016,34(4):70 - 77.

[144] CARLOS M, SERAFIN M. Modeling aircrew information management for estimation of situational awareness using dynamic bayesian networks [J]. Simulation Modelling Practice and Theory, 2016,65:93 - 103.

[145] TRUJILLO A, GREGORY I. Pilot preferences on displayed aircraft control variables [J]. Lecture Notes in Computer Science, 2013, 20(1):193 - 202.

[146] WEI H Y, ZHUANG D M, WANYAN X R, et al. An experimental analysis of situation awareness for cockpit display interface evaluation based on flight simulation [J]. Chinese Journal of Aeronautics,2013,26(4):884 - 889.

[147] 肖旭,完颜笑如,庄达民. 显示界面多维视觉编码综合评价模型[J]. 北京航空航天大学学报,2015,41(6):1012 - 1018.

[148] 王小龙,徐浩军,薛源,等. 俯仰姿态保持模式下飞机结冰边界保护方法[J]. 航空动力学报,2016,31(9):2087 - 2094.

[149] XUE Y, XU H J, WANG X L. Build probability distribution maps of flight risk during wake encountering [J]. Journal of Aircraft, 2015,52(3):805 - 818.

[150] 薛源,徐浩军,李强,等.尾流飞行风险概率拓扑图的构建方法[J].北京航空航天大学学报,2014,40(8):1044-1054.

[151] CHRISTOPHER J,HAINLEY J. Pilot performance,workload,and situation awareness during lunar landing mode transitions [J]. Journal of Spacecraft and Rockets,2013,50(4):793-801.

[152] RANDALL C D,DENNIS W W,JAMES T H,et al. A primary flight display vastly improves situational awareness and accuracy of flight [J]. Journal of Aircraft,2006,43(6):1621-1627.

[153] BURDUN I Y. Automated planning,exploration and mapping of complex operational domains of flight using multifactor situational trees [J]. SAE International Journal of Aerospace,2011,4(2):1149-1175.

[154] CACCIABUE P C. Human error risk management for engineering systems:A methodology for design,safety assessment,accident investigation and training [J]. Reliability Engineering and System Safety,2004,83(2):229-240.